企业级卓越人才培养解决方案"十三五"规划教材

微信小程序项目实战

天津滨海迅腾科技集团有限公司　主编

南开大学出版社
天　津

图书在版编目(CIP)数据

微信小程序项目实战 / 天津滨海迅腾科技集团有限公司主编. —天津：南开大学出版社，2018.7(2023.2 重印)
ISBN 978-7-310-05612-5

Ⅰ.①微… Ⅱ.①天… Ⅲ.①移动终端－应用程序－程序设计 Ⅳ.①TN929.53

中国版本图书馆 CIP 数据核字(2018) 第 131972 号

主 编 王新强 常秀岩
副主编 蒋漪涟 邓先春 李 贞 刘 健

版权所有 侵权必究

微信小程序项目实战
WEI XIN XIAO CHENGXU XIANGMU SHIZHAN

南开大学出版社出版发行
出版人：陈 敬
地址：天津市南开区卫津路 94 号 邮政编码：300071
营销部电话：(022)23508339 营销部传真：(022)23508542
https://nkup.nankai.edu.cn

天津午阳印刷股份有限公司印刷 全国各地新华书店经销
2018 年 7 月第 1 版 2023 年 2 月第 5 次印刷
260×185 毫米 16 开本 20.5 印张 517 千字
定价：66.00 元

如遇图书印装质量问题，请与本社营销部联系调换，电话：(022)23508339

企业级卓越人才培养解决方案"十三五"规划教材编写委员会

指导专家： 周凤华　教育部职业技术教育中心研究所
　　　　　　　李　伟　中国科学院计算技术研究所
　　　　　　　张齐勋　北京大学
　　　　　　　朱耀庭　南开大学
　　　　　　　潘海生　天津大学
　　　　　　　董永峰　河北工业大学
　　　　　　　邓　蓓　天津中德应用技术大学
　　　　　　　许世杰　中国职业技术教育网
　　　　　　　郭红旗　天津软件行业协会
　　　　　　　周　鹏　天津市工业和信息化委员会教育中心
　　　　　　　邵荣强　天津滨海迅腾科技集团有限公司
主任委员： 王新强　天津中德应用技术大学
副主任委员： 张景强　天津职业大学
　　　　　　　宋国庆　天津电子信息职业技术学院
　　　　　　　闫　坤　天津机电职业技术学院
　　　　　　　刘　胜　天津城市职业学院
　　　　　　　郭社军　河北交通职业技术学院
　　　　　　　刘少坤　河北工业职业技术学院
　　　　　　　麻士琦　衡水职业技术学院
　　　　　　　尹立云　宣化科技职业学院
　　　　　　　廉新宇　唐山工业职业技术学院
　　　　　　　张　捷　唐山科技职业技术学院
　　　　　　　杜树宇　山东铝业职业学院
　　　　　　　张　晖　山东药品食品职业学院
　　　　　　　梁菊红　山东轻工职业学院
　　　　　　　赵红军　山东工业职业学院
　　　　　　　祝瑞玲　山东传媒职业学院
　　　　　　　王建国　烟台黄金职业学院

陈章侠	德州职业技术学院
郑开阳	枣庄职业学院
张洪忠	临沂职业学院
常中华	青岛职业技术学院
刘月红	晋中职业技术学院
赵　娟	山西旅游职业学院
陈　炯	山西职业技术学院
陈怀玉	山西经贸职业学院
范文涵	山西财贸职业技术学院
郭长庚	许昌职业技术学院
许国强	湖南有色金属职业技术学院
孙　刚	南京信息职业技术学院
张雅珍	陕西工商职业学院
王国强	甘肃交通职业技术学院
周仲文	四川广播电视大学
杨志超	四川华新现代职业学院
董新民	安徽国际商务职业学院
谭维奇	安庆职业技术学院
张　燕	南开大学出版社

企业级卓越人才培养解决方案简介

  企业级卓越人才培养解决方案（以下简称"解决方案"）是面向我国职业教育量身定制的应用型、技术技能型人才培养解决方案，以教育部-滨海迅腾科技集团产学合作协同育人项目为依托，依靠集团研发实力，联合国内职业教育领域相关政策研究机构、行业、企业、职业院校共同研究与实践的科研成果。本解决方案坚持"创新校企融合协同育人，推进校企合作模式改革"的宗旨，消化吸收德国"双元制"应用型人才培养模式，深入践行"基于工作过程"的技术技能型人才培养，设立工程实践创新培养的企业化培养解决方案。在服务国家战略，京津冀教育协同发展、中国制造2025（工业信息化）等领域培养不同层次的技术技能人才，为推进我国实现教育现代化发挥积极作用。

  该解决方案由"初、中、高级工程师"三个阶段构成，包含技术技能人才培养方案、专业教程、课程标准、数字资源包（标准课程包、企业项目包）、考评体系、认证体系、教学管理体系、就业管理体系等于一体。采用校企融合、产学融合、师资融合的模式在高校内共建大数据学院、虚拟现实技术学院、电子商务学院、艺术设计学院、互联网学院、软件学院、智慧物流学院、智能制造学院、工程师培养基地的方式，开展"卓越工程师培养计划"，开设系列"卓越工程师班"，"将企业人才需求标准、工作流程、研发项目、考评体系、一线工程师、准职业人才培养体系、企业管理体系引进课堂"，充分发挥校企双方特长，推动校企、校际合作，促进区域优质资源共建共享，实现卓越人才培养目标，达到企业人才培养及招录的标准。本解决方案已在全国近几十所高校开始实施，目前已形成企业、高校、学生三方共赢格局。未来三年将在100所以上高校实施，实现每年培养学生规模达到五万人以上。

  天津滨海迅腾科技集团有限公司创建于2008年，是以IT产业为主导的高科技企业集团。集团业务范围已覆盖信息化集成、软件研发、职业教育、电子商务、互联网服务、生物科技、健康产业、日化产业等。集团以产业为背景，与高校共同开展产教融合、校企合作，培养了一批批互联网行业应用型技术人才，并吸纳大批毕业生加入集团，打造了以博士、硕士、企业一线工程师为主导的科研团队。集团先后荣获：天津市"五一"劳动奖状先进集体，天津市政府授予"AAA"级劳动关系和谐企业，天津市"文明单位"，天津市"工人先锋号"，天津市"青年文明号""功勋企业""科技小巨人企业""高科技型领军企业"等近百项荣誉。

前　言

微信小程序自问世以来,行业内便充满了对其的各种猜想。媲美 Native App 的原生体验,基于微信强大流量入口和生态环境等,使小程序的未来充满了无限的想象力。小程序的发布,对 App 开发技术等应用会产生重要的影响,尤其对大多数创业公司而言,开辟了全新领域。小程序具有研发成本更低,开发效率更高,产品迭代更快等特点。

本书重点讲解了如何使用微信小程序进行应用开发,涉及内容全面并从易到难,知识点通过小案例进行讲解,并通过大案例实现知识点的具体应用,使读者更容易理解和学习微信小程序的开发,为小程序的开发打下坚实的基础。

本书由八个项目组成,主要介绍微信小程序的注册、开发工具使用、页面配置、基础内容组件使用、简单数据绑定、页面数据显示、页面导航、模板引用、媒体组件、地图定位组件以及数据交互 API 的使用等。通过本书的学习,读者可以了解微信小程序的注册、开发工具的使用,学习页面配置和基础组件的使用,掌握数据绑定、页面导航以及使用数据交互 API 访问服务器接口等知识,通过这些知识的学习,读者能够自己创建微信小程序的项目,进而适应市场的需求。

本书的每个项目都分为学习目标、学习路径、任务描述、任务技能、任务实施、任务总结、英语角、任务习题八个模块来讲解相应的知识点。此结构条理清晰、内容详细,任务实施可以将所学的理论知识充分应用到实战中。

本书由王新强、常秀岩任主编,蒋漪涟、邓先春、李贞、刘健任副主编,王新强、常秀岩负责统稿,蒋漪涟、邓先春负责全面内容的规划,李贞、刘健负责整体内容编排。具体分工如下:项目一至项目三由王新强、常秀岩共同编写,蒋漪涟负责全面规划;项目四至项目六由蒋漪涟、邓先春编写,邓先春、李贞负责全面规划;项目七和项目八由李贞、刘健共同编写,刘健负责全面规划。

本书内容丰富、注重实战,讲解通俗易懂,既全面介绍、又突出重点,做到了点面结合;既讲述理论又举例说明,做到理论和实践相结合,手把手带领读者快速入门小程序开发。通过对本书的学习,使大家对微信小程序的研发有更加清晰的认识。

天津滨海迅腾科技集团有限公司
技术研发部

目　录

项目一　KeepFit 健身登录模块 …………………………………………………… 1
　　学习目标 …………………………………………………………………………… 1
　　学习路径 …………………………………………………………………………… 1
　　任务描述 …………………………………………………………………………… 2
　　任务技能 …………………………………………………………………………… 3
　　　　技能点 1　微信小程序概述 ………………………………………………… 3
　　　　技能点 2　微信小程序注册 ………………………………………………… 5
　　　　技能点 3　微信 Web 开发者工具安装 …………………………………… 10
　　　　技能点 4　微信 Web 开发者工具使用 …………………………………… 13
　　任务实施 ………………………………………………………………………… 19
　　任务总结 ………………………………………………………………………… 28
　　英语角 …………………………………………………………………………… 29
　　任务习题 ………………………………………………………………………… 29

项目二　KeepFit 健身主界面模块 ………………………………………………… 31
　　学习目标 ………………………………………………………………………… 31
　　学习路径 ………………………………………………………………………… 31
　　任务描述 ………………………………………………………………………… 31
　　任务技能 ………………………………………………………………………… 32
　　　　技能点 1　微信小程序项目结构 …………………………………………… 32
　　　　技能点 2　微信小程序配置 ………………………………………………… 38
　　　　技能点 3　小程序生命周期 ………………………………………………… 43
　　　　技能点 4　逻辑层方法 ……………………………………………………… 44
　　　　技能点 5　视图展示组件 …………………………………………………… 48
　　任务实施 ………………………………………………………………………… 57
　　任务总结 ………………………………………………………………………… 68
　　英语角 …………………………………………………………………………… 68
　　任务习题 ………………………………………………………………………… 68

项目三　KeepFit 健身训练专区模块 ……………………………………………… 70
　　学习目标 ………………………………………………………………………… 70
　　学习路径 ………………………………………………………………………… 70
　　任务描述 ………………………………………………………………………… 70

| 任务技能 | 73 |

　　技能点 1　基础内容组件 …… 73
　　技能点 2　数据绑定 …… 78
　　技能点 3　导航 …… 80
　　技能点 4　样式 …… 87
　任务实施 …… 92
　任务总结 …… 114
　英语角 …… 114
　任务习题 …… 115

项目四　KeepFit 健身音乐专区模块 …… 117

　学习目标 …… 117
　学习路径 …… 117
　任务描述 …… 117
　任务技能 …… 118
　　技能点 1　页面渲染 …… 118
　　技能点 2　页面文件引用 …… 124
　　技能点 3　媒体组件 …… 126
　　技能点 4　页面事件 …… 133
　任务实施 …… 139
　任务总结 …… 154
　英语角 …… 154
　任务习题 …… 155

项目五　KeepFit 健身我行模块 …… 157

　学习目标 …… 157
　学习路径 …… 157
　任务描述 …… 157
　任务技能 …… 160
　　技能点 1　表单组件 …… 160
　　技能点 2　地理位置 …… 168
　　技能点 3　Canvas 使用 …… 181
　任务实施 …… 183
　任务总结 …… 203
　英语角 …… 203
　任务习题 …… 204

项目六　KeepFit 健身资源模块 …… 206

　学习目标 …… 206
　学习路径 …… 206

任务描述 …………………………………………………………………… 206
　　任务技能 …………………………………………………………………… 207
　　　　技能点1　弹出框 ……………………………………………………… 207
　　　　技能点2　文件 ………………………………………………………… 214
　　　　技能点3　设备功能 …………………………………………………… 223
　　任务实施 …………………………………………………………………… 228
　　任务总结 …………………………………………………………………… 239
　　英语角 ……………………………………………………………………… 240
　　任务习题 …………………………………………………………………… 240

项目七　KeepFit 健身我的模块实现 …………………………………………… 242
　　学习目标 …………………………………………………………………… 242
　　学习路径 …………………………………………………………………… 242
　　任务描述 …………………………………………………………………… 242
　　任务技能 …………………………………………………………………… 244
　　　　技能点1　数据交互 …………………………………………………… 244
　　　　技能点2　下拉刷新 …………………………………………………… 246
　　　　技能点3　数据存储 …………………………………………………… 249
　　　　技能点4　获取信息 …………………………………………………… 253
　　任务实施 …………………………………………………………………… 264
　　任务总结 …………………………………………………………………… 282
　　英语角 ……………………………………………………………………… 282
　　任务习题 …………………………………………………………………… 283

项目八　KeepFit 健身我的训练模块 …………………………………………… 284
　　学习目标 …………………………………………………………………… 284
　　学习路径 …………………………………………………………………… 284
　　任务描述 …………………………………………………………………… 284
　　任务技能 …………………………………………………………………… 285
　　　　技能点1　小程序发布 ………………………………………………… 285
　　　　技能点2　公众号中的小程序 ………………………………………… 293
　　任务实施 …………………………………………………………………… 299
　　任务总结 …………………………………………………………………… 315
　　英语角 ……………………………………………………………………… 315
　　任务习题 …………………………………………………………………… 315

项目一　KeepFit 健身登录模块

通过 KeepFit 健身登录模块实现，了解小程序界面的设计思想，学习小程序的相关概念以及与 App 的区别，掌握微信小程序的注册流程和开发者工具的使用，具有独立注册小程序账号并创建新项目的能力。在任务实现过程中：

- 了解小程序界面的设计思想。
- 掌握小程序的注册流程。
- 掌握开发者工具的使用。
- 具有创建小程序项目的能力。

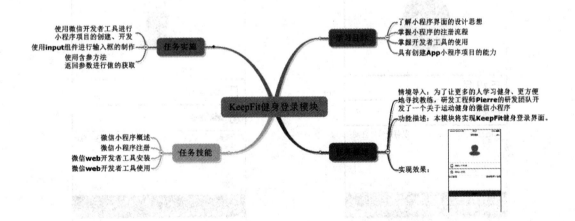

【情境导入】

随着生活压力的不断增大,人们健身的时间越来越少,这就造成了很多人身体处于亚健康状态。为了让更多的人培养良好的健康习惯、松弛压力,项目负责人 Pierre 和他的研发团队开发了一款关于运动健身的微信小程序。该小程序类似于手机 App 但内置于微信中,无需安装卸载且开发成本较低。Pierre 团队研发的这个小程序分为 4 个模块:我知、我行、资源和我的模块。本项目主要通过 KeepFit 健身登录模块来学习微信小程序的创建以及界面设计流程。

【功能描述】

本项目将实现 KeepFit 健身登录模块。
- 使用微信开发者工具进行小程序项目的创建、开发。
- 使用 input 组件进行输入框的制作。
- 使用含参方法返回参数进行值的获取。

【基本框架】

基本框架如图 1.1 所示。通过本项目的学习,能将框架图 1.1 转换成 KeepFit 登录页面,效果如图 1.2 所示。

图 1.1　框架图

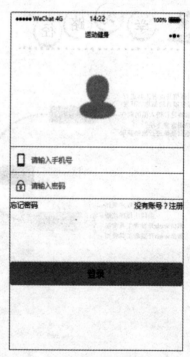

图 1.2　效果图

技能点 1　微信小程序概述

1　什么是微信小程序

相信大家对微信都不会感到陌生吧！微信是 2011 年 1 月腾讯公司推出的一款能够即时通讯的免费的应用程序，在最近几年，微信已经覆盖中国 95% 以上的智能手机，月活跃用户达到 10 亿左右。随着市场的不断扩大，微信提供了公众平台、朋友圈、通讯等功能，其中微信公众平台提供了服务号、订阅号、小程序和企业微信。如图 1.3 所示。

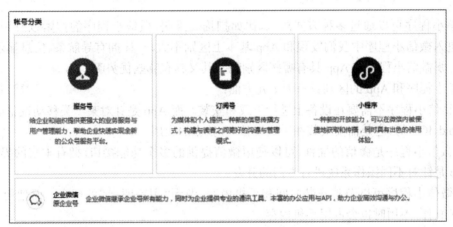

图 1.3　账号分类

企业微信继承原企业号所有能力，成员扫码关注后即可在微信中接收企业通知。同时提供专业的企业内部通讯工具，预设轻量 OA 应用和丰富 API，集成多种通讯方式，助力企业高效沟通与办公。而小程序是一种新的开放能力，开发者可以快速地开发一个小程序。小程序可以在微信内被便捷地获取和传播，同时具有出色的使用体验，相当于内置在微信中为用户提供服务的一个应用，用户可通过扫一扫或搜索将其打开，小程序的开发者可以是企业、政府、媒体、其他组织或个人，相对 App 来说开发难度较低，小程序的设计目是为优质服务提供一个开放的平台，是在微信基于服务号的基础上对提高企业服务能力的一次尝试。图 1.4 为 2017 年 8 月新上榜的小程序。

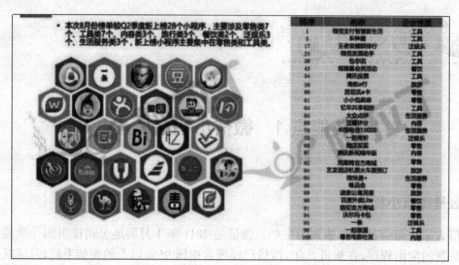

图1.4　2017年8月新上榜的小程序

2　微信小程序和App的区别

微信小程序可以通过多种方式进入，比如扫描二维码，微信小程序的搜索以及别人的分享。当进入微信小程序中我们发现和App基本上区别不大，一样拥有导航条、信息显示、支付等功能。那微信小程序和App具有哪些区别呢？其又具有哪些优势呢？

微信小程序和App的区别具有如下几方面：

● 微信小程序不需要在设备上进行下载和安装。而App是针对某一类移动设备而生的，如Android、IOS等，它是需要安装在手机设备上，独立的应用。

● 微信小程序是微信的插件，可以使用微信提供的多个功能接口，拥有丰富的界面和框架。App是针对不同操作系统进行专门的开发。

● 微信小程序可以节省安装时间和手机内存，做到"用完即走"的理念。而使用App则需要安装软件，不用时也会占用手机内存。

● 微信小程序可以包含一些不常用的应用，如：打车软件、购物软件等，让用户卸载一些不常用的App，从而使手机界面更简洁，运行速度更快。

● 微信小程序开发周期短，宣传途径广，对于刚创业或小企业来说，是一种快速高效的宣传途径。

提示：想了解或学习更多的关于微信小程序和App的区别，扫描图中二维码，获取更多信息。

3 微信小程序特点

每款应用都有其自身的优点和缺点,小程序也不例外,其中小程序的优点:

(1)无需安装、卸载。小程序的打开在微信内部,不需要到应用市场搜索寻找、安装。释放手机内存,手机界面更加整洁;

(2)对于现在的互联网企业来说,小程序的开发成本要比 App 低一些,主要体现在无需解决不同平台的兼容性问题,企业不需要为不同平台开发不同软件;

(3)对于使用频率较低,需求又比较重要的行业来说,App 就显得比较浪费而小程序就比较适用;

(4)对于前端开发人员来说,小程序非常容易上手。

其缺点主要存在于以下几点:

(1)不支持小程序和 App 的直接跳转;

(2)当用户有处理文档或者游戏等高级需求时,小程序不能充分满足用户需求;

(3)小程序依赖微信而存在,如果功能需求和微信设定的规则有冲突就难以实现;

(4)入口不容易找到,浪费用户时间;

(5)一部分用户在尝鲜之后就回归到了原生 App,因为原生 App 的体验可能更加丰富。由此也可以看出,App 在一段时间内还是相对安全的。

技能点 2　微信小程序注册

如果我们想要制作一些小程序,需要注册小程序的账号,才可以进行开发及发布。小程序的注册很简单,主要有以下几个步骤。

步骤一:通过"https://mp.weixin.qq.com/"地址进入微信公众平台官网如图 1.5 所示,点击右上角"立即注册"进行注册。

图 1.5　微信公众平台官网

步骤二：点击"小程序"。如图1.6所示。

图1.6 注册选择页面

步骤三：点击小程序进入注册界面，按照提示填写详细信息，进入邮箱并激活账号，如图1.7所示。

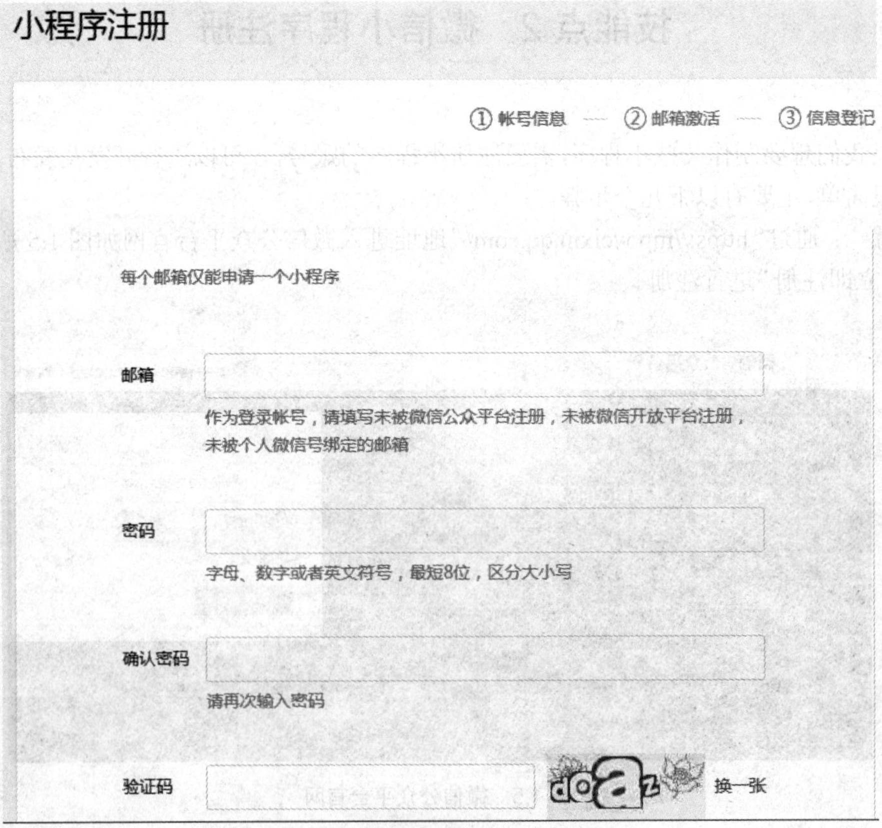

图1.7 小程序注册账号信息页面

步骤四：进行信息登记填写，此处选择主体类型为个人，如图 1.8 所示。

图 1.8　小程序注册信息登记页面

主体类型说明如表 1.1 所示。

表 1.1　主体类型说明

账号主体	范　　围
个人	由自然人注册和运营的公众账号
企业	企业、分支机构、企业相关品牌
企业（个体工商户）	个体工商户
政府	国内、各级、各类政府机构、事业单位、具有行政职能的社会组织等。目前主要覆盖公安机构、党团机构、司法机构、交通机构、旅游机构、工商税务机构、市政机构等
媒体	报纸、杂志、电视、电台、通讯社、其他
其他组织	不属于政府、媒体、企业或个人的类型

第六步：正确填写主体信息登记，主体信息登记如图 1.9 所示。

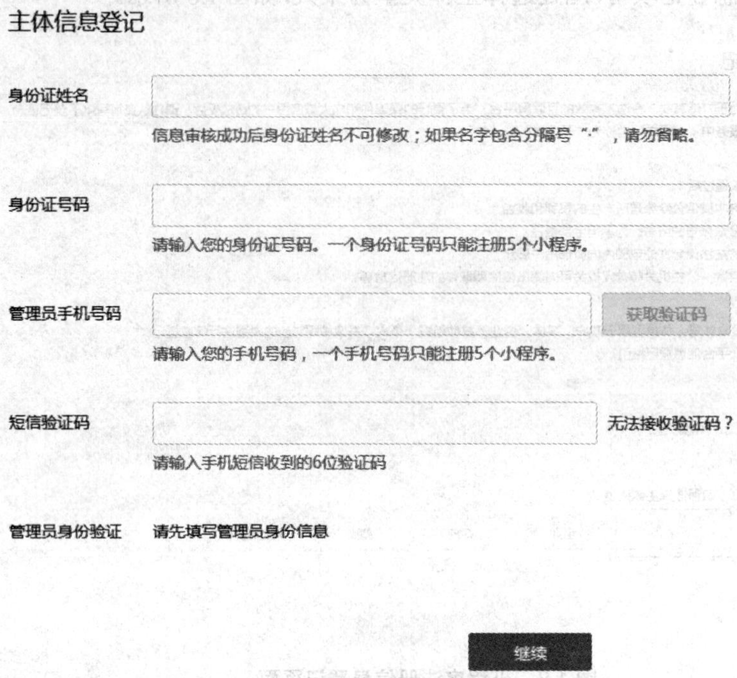

图 1.9 主体信息登记页面

第七步：点击"继续"，弹出提示框，如图 1.10 所示。
第八步：点击"前往小程序"进入小程序首页，如图 1.11 所示。
第九步：点击"填写"按钮进行小程序信息填写，页面如图 1.12 所示。

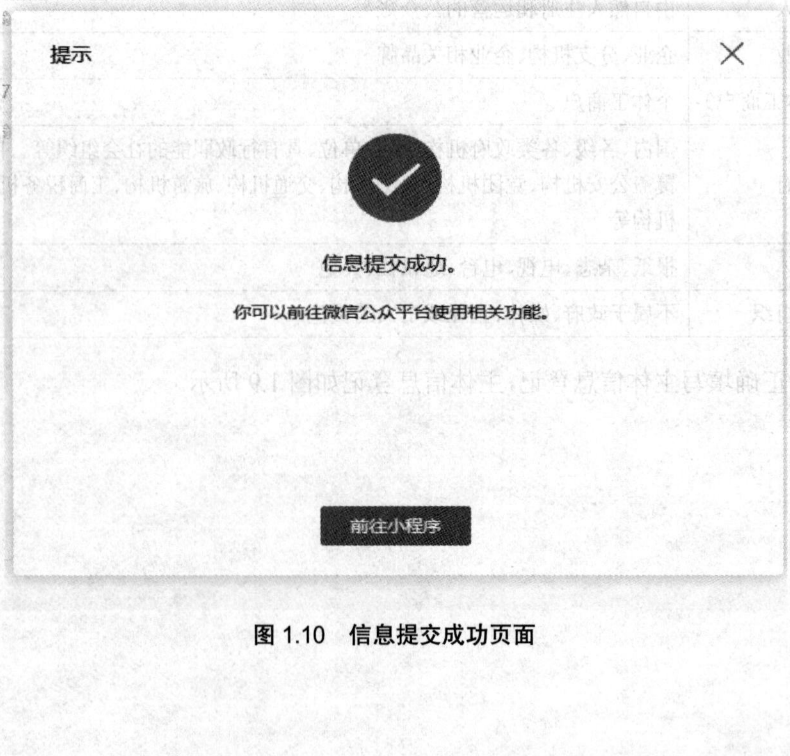

图 1.10 信息提交成功页面

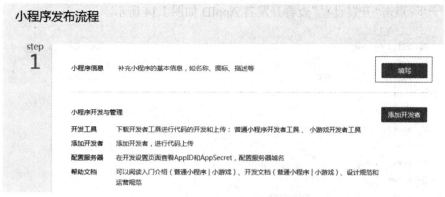

图 1.11　小程序首页

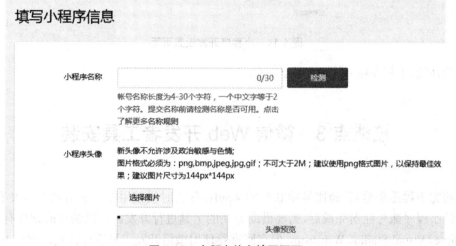

图 1.12　小程序信息填写页面

第十步：填写完成后点击"设置"→"基本设置"查看信息，如图 1.13 所示。

图 1.13　小程序基本设置页面

第十一步：点击"开发设置"查看开发者 AppID 如图 1.14 所示。

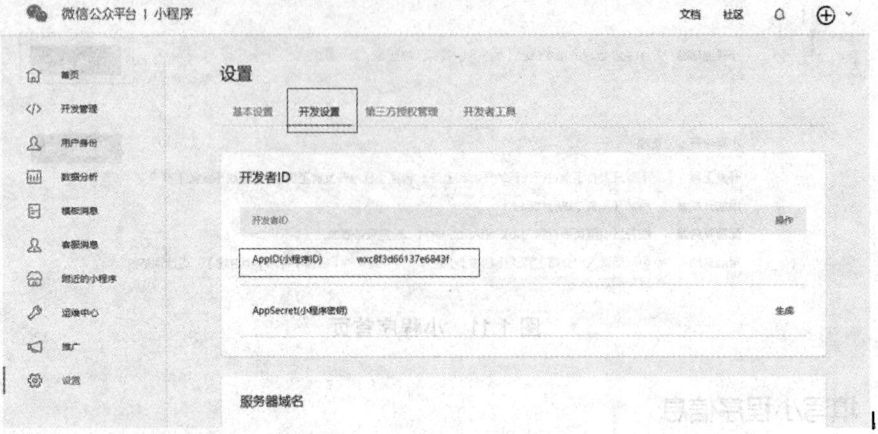

图 1.14 小程序开发设置页面

至此，微信小程序账号注册完成。

技能点 3　微信 Web 开发者工具安装

注册完小程序账号后，该账号中获取的 AppID 什么时候使用呢？又给大家带来了一些困扰。微信小程序账号注册完成后，需要借助外在的工具进行开发。可以编程的软件有很多，比如 Sublime、Visual Studio、Webstrom，但官网推荐使用微信开发工具进行开发。微信 Web 开发者工具安装如下：

第一步：小程序官方在网上（https://mp.weixin.qq.com/debug/wxadoc/dev/devtools/download.html）发布微信小程序最新小程序开发工具，打开网站可以看到如图 1.15 页面，该页面显示开发工具的最新版本号以及对现有问题的修复情况。点击自己电脑对应的版本进行下载。

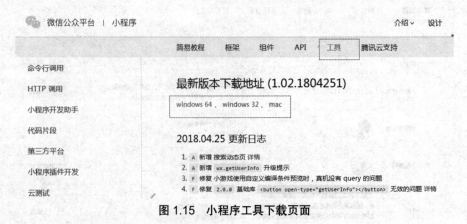

图 1.15 小程序工具下载页面

第二步：双击下载的安装包，打开界面如图 1.16 所示。

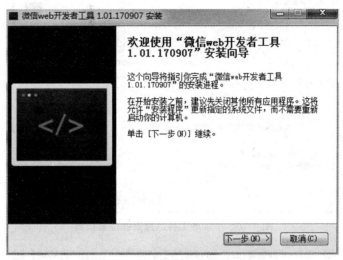

图 1.16　小程序工具安装页面

第三步：单击"下一步"按钮，进入许可证协议界面，效果如图 1.17 所示。

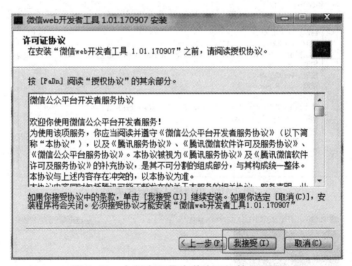

图 1.17　小程序工具安装许可证协议页面

第四步：单击"我接受"按钮，进入选择安装位置界面，效果如图 1.18 所示。
第五步：单击"安装"按钮，进行安装操作，效果如图 1.19 所示。
第六步：安装完成，效果如图 1.20 所示。
点击"完成"按钮，则微信 Web 开发者工具安装完成。

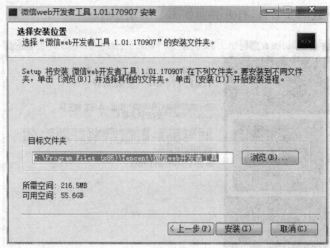

图 1.18　小程序工具选择安装位置页面

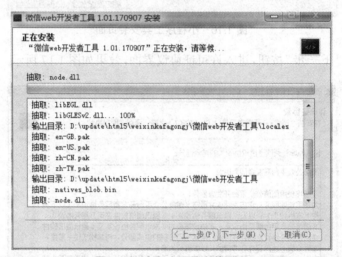

图 1.19　小程序工具安装页面

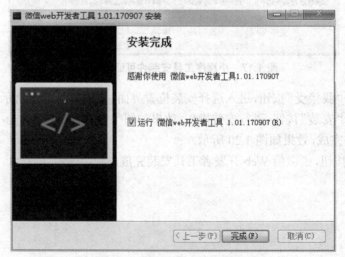

图 1.20　小程序工具安装完成页面

技能点 4　微信 Web 开发者工具使用

1　使用开发者工具创建项目

当注册完小程序账号，获取到 AppID，并安装完"微信 Web 开发者工具"后，那下面就开始使用该软件创建项目吧！创建项目步骤如下：

第一步：双击桌面上的"微信 Web 开发者工具"，出现图 1.21 效果，用手机微信扫描图中二维码，在手机上点击确认后，进入微信开发者工具界面如图 1.22 所示效果。

图 1.21　微信开发者工具扫码登录界面

图 1.22　微信开发者工具选择项目界面

第二步：选择"小程序项目"，出现如图 1.23 所示的界面。

第三步：点击创建项目，出现如图 1.24 所示。此处的 AppID 为注册小程序的 AppID，此 AppID 是唯一的（在平时做练习的过程中可以不填写），项目名称和项目目录是自定义的。

第四步：信息填写完成后，选择"创建 QuickStart 项目"，点击确定，出现如图 1.25 所示。则说明使用微信开发者工具创建项目成功。

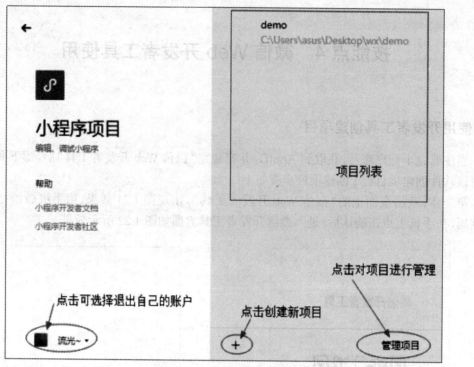

图 1.23　小程序项目界面

图 1.24　填写项目信息界面

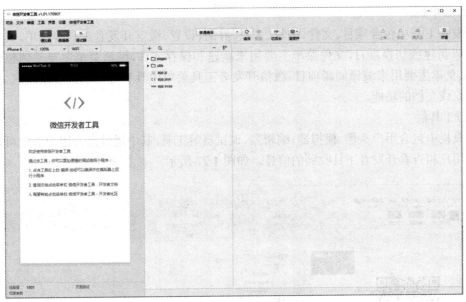

图 1.25　QuickStart 项目界面

2　微信开发者工具介绍

使用微信开发者工具创建项目成功后,进入如图 1.26 所示界面,从图中可以看出微信开发者工具分为五部分,分别是菜单栏、工具栏、模拟器、调试器和编辑器。

图 1.26　微信开发者工具界面结构

（1）菜单栏

开发者工具中包含项目、文件、编辑、工具、界面、设置、微信开发者工具等菜单，其中项目菜单可以新建或切换项目，文件菜单主要用来新建和保存文件，编辑菜单主要是调整编码格式，工具菜单主要用来编译刷新项目，微信开发者工具菜单中具有可以切换登录用户、前往开发者论坛或文档的功能。

（2）工具栏

工具栏中包含用户头像、模拟器、编辑器、调试器等工具，其中通过点击用户头像可以便捷的切换用户和查看开发者工具收到的信息。如图1.27所示。

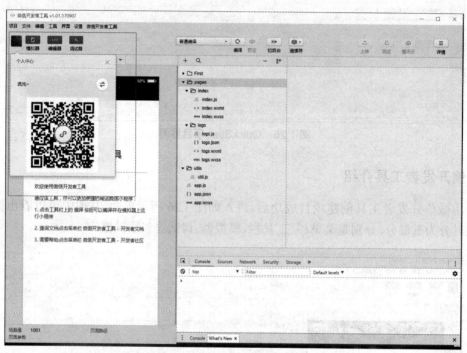

图 1.27　开发者工具个人中心

头像右侧是控制主界面模块的显示（这三个按钮至少有一个被选中）。工具栏中间显示的是编译的方式，默认是普通编译，也可以进行自定义编译。点击"切后台"按钮，出现如图1.28所示，通过图1.28可以看出小程序进入后台的一个情况。

工具栏最右侧是一些辅助功能，通过这些辅助功能可以查看项目的详情、上传和测试项目。界面如图1.29所示。

（3）模拟器

模拟器中显示的是小程序在客户端真实的逻辑表现，也就是通常所说的页面效果图，对于绝大多数API均能够在模拟器上呈现正常效果，模拟器如图1.30所示，上方表示在iPhone6上的效果，显示比例为100%，网络模式为WiFi，可根据需要自己选择。

（4）调试器

调试器包含多个调试功能模块，分别是Wxml、Console、Sources、Network、Security、Storage、Appdata、Sensor、Trace（此处只介绍前三个）。

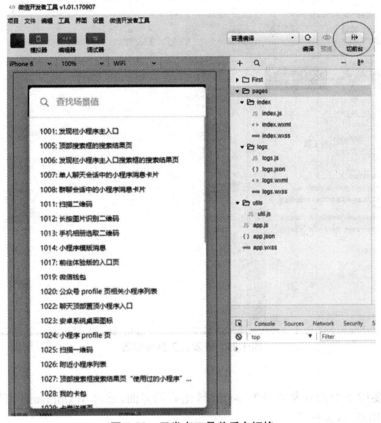

图 1.28 开发者工具前后台切换

图 1.29 开发者工具查看项目详情

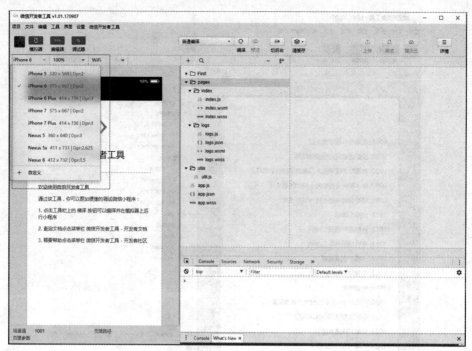

图 1.30　开发者工具模拟器

- Wxml

Wxml 主要用于帮助开发者开发 wxml 转化后的界面，通过 Wxml panel 可以快速的看到真实的页面结构及 wxss 样式。

- Console 面板

这是小程序的控制面板，可看到代码执行时出现的错误信息以及通过 console.log() 输出的信息，输出方式同 JavaScript 向浏览器控制台输出是一样的，也可以在控制台输入 JavaScript 代码立即执行。

- Sources 面板

Sources 面板用于显示当前项目的脚本文件，左侧显示的是源文件的目录结构，中间显示的是被选中文件的源代码，右侧显示的是调试相关按钮及变量的值等相关信息。

（5）编辑器

通过开发者工具创建的项目可以看出项目的结构有 pages、util 两个文件夹和 app.js、app.json、app.wxss 三个文件，其中 app.js 为全局的脚本文件，app.json 为全局的配置文件，app.wxss 为全局的样式文件，而 pages 中的每个文件夹相当于每个页面自己的文件夹，其中包括页面的 .wxml 文件、.wxss 样式文件、.js 脚本文件、.json 配置文件。可以通过对代码的修改达到界面上显示信息的变化。

提示：当对微信开发工具版本及特性了解后，你是否想知道不同的开发工具开发微信小程序项目的优缺点呢？扫描图中二维码，你将会了解更多。

通过下面七个步骤的操作，实现图 1.2 所示的 KeepFit 登录模块界面及所对应的功能。

第一步：打开微信小程序开发工具，找到项目路径下的 pages 文件，点击鼠标右键新建文件夹，之后在这个新建文件夹下点击鼠标右键新建 .wxml、js、json 和 .wxss 文件，文件名称跟新建文件夹的名称相同。效果如图 1.31 所示。

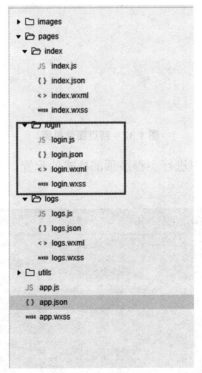

图 1.31　创建页面

第二步：在 app.json 中进行页面配置，代码 CORE0101 如下，效果如图 1.32 所示。

代码 CORE0101 app.json

```json
{
 "pages":[
   "pages/login/login",
   "pages/index/index",
   "pages/logs/logs"
 ]
}
```

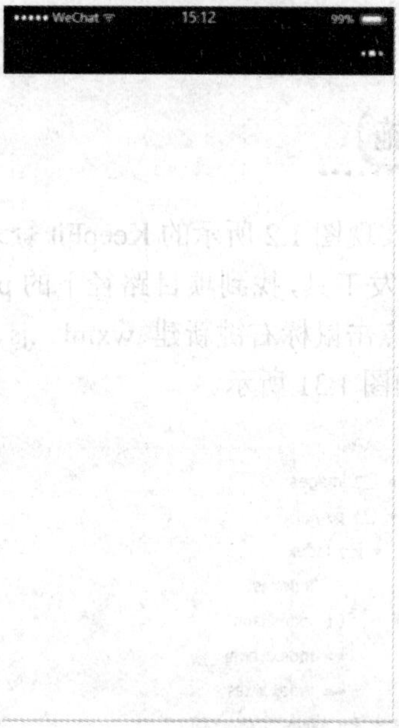

图 1.32 新页面效果图

第三步：在 app.json 文件中进行小程序顶部样式的配置。代码 CORE0102 如下，效果如图 1.33 所示。

代码 CORE0102 app.json

```json
{
 "pages":[
   "pages/login/login",
   "pages/index/index",
   "pages/logs/logs"
 ],
 "window":{
   "backgroundTextStyle":"light",
   "navigationBarBackgroundColor": "#fff",
```

```
    "navigationBarTitleText": " 运动健身 ",
    "navigationBarTextStyle":"black"
  }
}
```

图 1.33　页面顶部美化效果图

第四步：登录界面头像部分的制作。

头像部分采用 image 组件进行制作，代码 CORE0103、CORE0104 如下，设置样式前效果如图 1.34 所示。

代码 CORE0103　login.wxml

```
<view class="bg">
  <view class="headportrait">
    <image src='{{imgUrl}}' class='swiper-item' mode='aspectFit'></image>
  </view>
</view>
```

代码 CORE0104　轮播图代码 js

```
Page({
  /**
   * 页面的初始数据
   */
```

```
  data: {
   imgUrl: '../../images/yonghufill.png'
  },
  /**
   * 生命周期函数 -- 监听页面加载
   */
  onLoad: function (options) {
  }
})
```

图 1.34　头像设置样式前

设置头像样式，需要为图片设置宽高来改变图片的大小。部分代码如 CORE0105 所示，设置样式后效果如图 1.35 所示。

代码 CORE0105　头像样式 wxss 代码

```
.headportrait{
   margin: 100rpx auto;
   width: 200rpx;
   height: 200rpx;
   border-radius: 50%;
   background-repeat: no-repeat;
   background-size: cover;
   -moz-background-size: cover;
}
```

```
.swiper-item{
 width: 200rpx;
 height: 200rpx;
}
```

图 1.35 头像设置样式后

第五步：登录界面输入区域的制作。

输入区域是由左边的图标和右边的输入框组成。部分代码如 CORE0106、CORE0107 所示，效果如图 1.36 所示。

代码 CORE0106 输入区域 html

```
<form bindsubmit="formBindsubmit">
  <view class="input-list">
   <view class="input-item">
    <view class="tubiao t1"><image src='{{imgUrl2}}' class='swiper-item1 tubiao' mode='aspectFit'></image></view>
     <view class="inputtext">
       <input bindfocus="EventHandle" bindblur="EventHandle2" name='phone' type="text" placeholder="{{placeholder1}}" />
     </view>
   </view>
   <view class="input-item input-item2">
    <view class="tubiao t2"><image src='{{imgUrl3}}' class='swiper-item1 tubiao' mode='aspectFit'></image></view>
```

```
    <view class="inputtext">
      <input bindfocus="EventHandle4" bindblur="EventHandle3" name='psw' type="text" placeholder="{{placeholder2}}"/>
    </view>
  </view>
</view>
<view>{{tip}}</view>
</form>
```

代码 CORE0107 输入区域 js

```
Page({
  data: {
    tip: '',
    phone: '',
    psw: '',
    imgUrl: '../../images/yonghufill.png',
    imgUrl2:'../../images/phone.png',
    imgUrl3:'../../images/block.png',
    placeholder1:' 请输入手机号 ',
    placeholder2: ' 请输入密码 '
  }
})
```

图 1.36　输入区域设置样式前

设置输入区域样式，需要设置图标的大小、位置以及输入框的大小，部分代码如 CORE0108 所示，设置样式后效果如图 1.37 所示。

代码 CORE0108 输入区域 wxss 代码

```
.input-item{
  height: 100rpx;
  display: flex;
  border-top: 1px solid #666;
  background-color: #fff;
  align-items: center;
  padding-left: 20rpx;
}
.input-item2{
  border-bottom: 1px solid #666;
}
.bg{
  position: fixed;
  height: 100%;
  width: 100%;
}
.tubiao{
  height: 50rpx;
  width: 50rpx;
  display: inline-block;
  background-size: cover;
  -moz-background-size: cover;
}
.inputtext{
  display: inline-block;
  padding-left: 20rpx;
}
```

第六步：登录界面按钮及文字提示的制作。

该部分是由上边的文字提示和下边的按钮组成。部分代码如 CORE0109 所示，效果如图 1.38 所示。

设置底部区域样式，需要设置文字的大小、颜色的修饰。按钮需要设置位置及大小，部分代码如 CORE0110 所示，设置样式后效果如图 1.39 所示。

第七步：实现输入框取值和页面跳转功能。当点击"登录"按钮时，获取 input 组件输入的值进行验证，验证通过后进入选项卡界面，代码 CORE0111 如下。

图 1.37　输入区域设置样式后

代码 CORE0109　底部区域 wxml
<view class="lf"> 忘记密码 </view> 　<view class="rt"> 没有账号？注册 </view> 　　<button class="btn" formType="submit" bindtap="login"> 登录 </button> <view>{{tip}}</view>

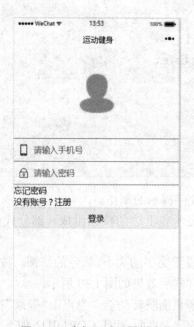

图 1.38　底部区域设置样式前

代码 CORE0110 输入区域 wxss 代码

.lf,.rt{
 display: inline-block;
 color: blue;
}
.rt{
 float: right;
}
.btn{
 background: #4b8bf4;
 margin-top: 200rpx;
}

图 1.39 底部区域设置样式后

代码 CORE0111 登录界面跳转与取值（login.js）

Page({
 data: {
  tip: '',
  phone: '',
  psw: '',
  imgUrl: '../../images/yonghufill.png',
  imgUrl2:'../../images/phone.png',

```
        imgUrl3:'../../images/block.png',
        placeholder1:' 请输入手机号 ',
        placeholder2: ' 请输入密码 '
    },
    EventHandle2: function (e) {
      this.setData({
        phone: e.detail.value
      })
    },
    EventHandle3: function (e) {
      this.setData({
        psw: e.detail.value
      })
    },
    login:function(e){
      console.log(e);
      if (this.data.phone == '' ||this.data1.psw == '') {
        this.setData({
          tip:' 提示：手机号和密码不能为空！'
        })
      } else {
        wx.switchTab({
          url: '../index/index',
        })
      }
    }
  })
```

至此，KeepFit 健身登录模块制作完成。

本项目通过学习 KeepFit 健身登录模块，对小程序设计界面的思想及相关概念有所认识，知道小程序和 App 的区别，并详细了解小程序的注册流程和开发者工具的使用，掌握使用开发者工具开发小程序的步骤。

network	网络
app	应用
web	网
console	控制台
source	来源
storage	存储
sensor	感应器
trace	痕迹
panel	仪表板

一、选择题

1. 腾讯推出微信在（　　）年。
 A.2008　　　　　B.2009　　　　　C.2010　　　　　D.2011
2. 以下哪个不是微信公众平台提供的账号。（　　）
 A. 服务号　　　B. 订阅号　　　C. 小程序　　　D. 申请号
3. 以下哪个不是微信开发者工具的界面组成。（　　）
 A. 模拟器　　　B. 编辑器　　　C. 缓存区　　　D. 调试器
4. 以下哪个不是微信小程序的特点。（　　）
 A. 不需要在设备上进行下载和安装　　B. 节省安装时间和手机内存
 C. 可放置在设备桌面一键打开　　　　D. 开发周期短
5. 小程序开发者工具中模拟器的选择项不包含（　　）。
 A. 文档和源码文件　　　　　　　　　B. 模拟的设备
 C. 显示比例　　　　　　　　　　　　D. 网络模式

二、填空题

1. 微信公众平台提供的账号分为 _____、_____、_____ 和企业微信。
2. 微信小程序的进入方式有 _____ 和 _____。
3. 小程序的开发者可以是企业、_____、_____ 等。
4. 小程序的设计目的是为优质服务提供一个开放的平台，是微信基于服务号的基础上对提高 _____ 能力的一次尝试。
5. 微信小程序每个页面文件夹下的文件一般包含 .wxml 视图界面文件、_____ 样式文件、.js 脚本文件、.json 配置文件。

三、上机题

下载、安装微信 Web 开发者工具并创建 QuickStart 项目。

要求：创建项目并点击前后台切换按钮从模拟器中查看场景值，效果如图。

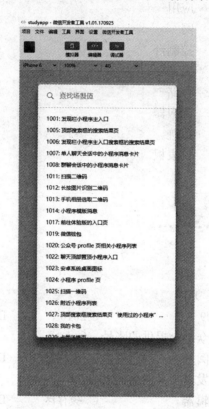

项目二 KeepFit 健身主界面模块

通过 KeepFit 健身主界面模块实现，了解微信小程序如何布局实现界面的美观和整齐，学习微信小程序的项目结构及基本配置，对小程序的生命周期有所了解，掌握使用小程序创建页面时所需要的方法和组件，具有使用小程序相关组件实现健身主页面的能力。在任务实现过程中：

- 了解如何布局界面。
- 掌握小程序的项目结构。
- 掌握小程序的逻辑层方法及组件。
- 具有实现主界面的能力。

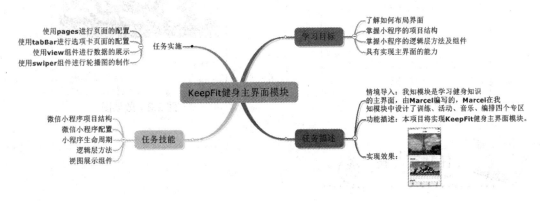

【情境导入】

我知模块是 KeepFit 健身项目的主界面。因此，其美观程度非常重要，简洁美观的界面将会给用户视觉上带来一定的冲击。研发团队决定把轮播图放在页面最开始的部分，优美的图片和动态的轮播效果可以很大程度上吸引用户的眼球。本项目主要通过 KeepFit 健身主界面模块来学习微信小程序的结构与配置。

【功能描述】

本项目将实现 KeepFit 健身主界面模块。
- 使用 pages 进行页面的配置。
- 使用 tabBar 进行选项卡页面的配置。
- 使用 view 组件进行数据的展示。
- 使用 swiper 组件进行轮播图的制作。

【基本框架】

基本框架如图 2.1 所示。通过本项目的学习，能将框架图 2.1 转换成 KeepFit 我知模块主界面，效果如图 2.2 所示。

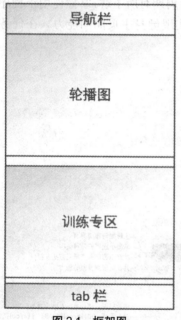

图 2.1 框架图

图 2.2 效果图

技能点 1　微信小程序项目结构

使用各种语言开发的项目都有其特定的结构，小程序的开发也不例外，其结构包括视图层、逻辑层，相比其他项目结构根目录文件的繁杂，小程序项目结构简单、清晰，具体结构如图 2.3 所示。

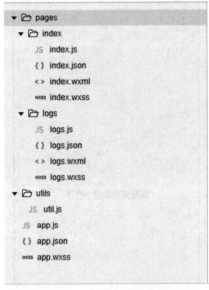

图 2.3　小程序项目结构

1　pages

pages 主要存放小程序的页面文件（注意：名称不能修改），其包含多个文件夹，每个文件夹为一个页面，包含四个文件，其中 .js 是事件交互文件，.json 为配置文件，.wxml 是界面文件，用于处理界面的相关事件，.wxss 为界面美化文件。

注意：小程序页面中 .wxml 和 .js 两个文件是必须存在的。

文件名称必须与页面的文件夹名称相同，如 index 文件夹，文件只能是 index.wxml、index.wxss、index.js 和 index.json。

（1）index.js

.js 是小程序的逻辑文件，也称事件交互文件和脚本文件，用于处理界面的相关事件，如设置初始数据，定义事件，数据的交互等，其语法与 JavaScript 相同。如：在 index.js 中修改 data 方法里面的 motto 属性，把 hello word 改变成"欢迎来到微信小程序"，则对应的效果图上面显示的是"欢迎来到微信小程序"，具体更改代码如 CORE0201 所示，效果如图 2.4 所示。

代码 CORE0201　index.js

```
Page({
data: {
motto: ' 欢迎来到微信小程序 ',
userInfo: {}
}
})
```

图 2.4 欢迎页面效果图

（2）index.json

.json 后缀的文件是配置文件（注意：如果文件夹下没有 .json 文件，需要使用时可以手动进行创建），用于对本级目录下的页面进行配置，主要是 json 数据格式存放，只能对导航栏的相关文件进行配置修改，例如在 index.json 中修改导航的文字，将 wechat 改变成"helloworld"，则对应的效果图上面则显示的是"helloworld"。具体更改代码如 CORE0202 所示，效果如图 2.5 所示。

代码 CORE0202 index.json

```
{
"navigationBarBackgroundColor": "#ffffff",
"navigationBarTextStyle": "black",
"navigationBarTitleText": "helloworld",
"backgroundColor": "#000",
"backgroundTextStyle": "light"
}
```

（3）index.wxml

.wxml 文件是界面文件，也是页面结构文件，用于对页面布局展示，是微信标记语言，是小程序每个页面必须有的文件，相当于 .html 文件，但与 HTML 也有差别，Wxml 倾向于对程序页面的构建，HTML 倾向于对文章的展示，适合于对网页的构建。Wxml 中使用的语法跟 HTML 中相同，标签成对，标签名小写。可以通过引用 class 来控制外观，也可以通过绑定事件来进行

图 2.5 修改导航栏文字效果图

逻辑的处理,通过渲染来完成我们需要的列表等。下面我们在 index.wxml 中添加"<view>helloworld</view>",添加后代码如 CORE0203 所示,效果如图 2.6 所示。

```
代码 CORE0203  index.wxml
<view class="container">
<view bindtap="bindViewTap" class="userinfo">
<image class="userinfo-avatar" src="{{userInfo.avatarUrl}}" background-size="cover"></image>
<text class="userinfo-nickname">{{userInfo.nickName}}</text>
</view>
<view class="usermotto">
<text class="user-motto">{{motto}}</text>
</view>
<view>helloworld</view>
</view>
```

(4)index.wxss

.wxss 是样式表文件,相当于 CSS 文件,是为 .wxml 文件和 page 文件进行美化的文件,使界面显示更美观。例如对文字的大小,颜色,图片的宽高,设置 .wxml 中各组件的位置,间距等。跟 CSS 相比较两者语法基本相同,可通用。下面我们在 index.wxss 中对"欢迎来到微信小程序"进行字体加粗的修饰,添加后代码如 CORE0204、CORE0205 所示,效果如图 2.7 所示。

图 2.6 添加 view 组件效果图

代码 CORE0204 index.wxml

```
<view class="container">
<view bindtap="bindViewTap" class="userinfo">
<image class="userinfo-avatar" src="{{userInfo.avatarUrl}}" background-size="cover"></image>
<text class="userinfo-nickname">{{userInfo.nickName}}</text>
</view>
<view class="usermotto">
<text class="user-motto bold">{{motto}}</text>
</view>
<view>helloworld</view>
</view>
```

代码 CORE0205 index.wxss

```
.bold{
font-weight: bold;
}
```

项目二　KeepFit 健身主界面模块

图 2.7　字体加粗效果图

2　utils

utils 是存放公用 js 文件的文件夹，可以存放定义的一些对事件处理的公共方法，能够在任何界面的 js 文件中被使用。调用代码如 CORE0206、CORE0207 所示，效果如图 2.8 所示。

代码 CORE0206　util.js

```
function util() {
console.log(" 模块被调用了！！ ")
}
module.exports.util = util
```

代码 CORE0207　index.js

```
const app = getApp()
var common = require('../../utils/util.js')
Page({
data: {},
onLoad: function () {
common.util()
}
})
```

图 2.8　模块被调用效果图

3　app.js、app.json、app.wxss

app.js 是脚本文件,小程序的逻辑文件,定义了一个应用实例,能够对一些生命周期函数方法进行处理,可以通过 getApp() 在页面文件(.js)中获取到。

app.json 是项目中的公共配置文件,例如配置导航条样式,底部 tab 菜单等,具体页面的配置在页面的 json 文件中单独修改,任何一个页面都需要在 app.json 中注册,如果不在 json 中添加,页面是无法打开的。

app.wxss 是公共样式文件,包含全局的界面美化代码,并不是必须的。其优先级同样没有框架中的 wxss 的优先级高。

提示:当对小程序结构及特性了解后,你是否打算放弃本门课程的学习呢?扫描图中二维码,你的想法是否有所改变呢?

技能点 2　微信小程序配置

当我们进行微信小程序开发时,会进行一系列的配置,一方面是一些全局性的设置(全局配置),另一方面为突出显示某页面而进行的配置(页面配置)。而想要实现这些操作需要怎么做呢?

1　全局配置

全局配置是针对整个项目进行的配置,可以被本程序所有页面引用。进行全局配置,需要用到项目中的 app.json 文件,它决定着页面文件的路径、窗口表现、设置网络超时时间、设置选项卡页面等。

代码 CORE0208 包含所有 app.json 配置选项。

```
代码 CORE0208  index.json
{
    "pages": [],
    "window": {},
    "tabBar": {},
    "networkTimeout": {},
    "debug": true
}
```

平台重用代码:

(1) pages

用来设置界面路径,当创建一个新界面后(注意:创建页面时文件名称尽量相同),需要在 pages 中进行添加,添加的规范为对应页面的"路径 + 文件名(不需要加后缀)",pages 中的数据是一个数组,数组中的数据是字符串形式,其中数组中的第一项为项目的第一个页面。以图 2.1 中项目为例,pages 中代码如 CORE0209 所示。

```
代码 CORE0209  app.json
{
    "pages":[
        "pages/index/index",
        "pages/logs/logs"
    ]
}
```

(2) window

调整窗口样式,可以通过设置 window 属性来设置小程序的状态栏、导航条、标题、窗口背景色。window 属性如表 2.1 所示。

表 2.1 window 属性

属　　性	描　　述
navigationBarBackgroundColor	设置导航栏背景颜色(默认值:#000000)
navigationBarTextStyle	设置导航栏标题颜色,可选属性值为 black/white
navigationBarTitleText	更改导航栏标题文字内容
backgroundColor	设置窗口的背景色(默认值:#ffffff)
backgroundTextStyle	更改下拉背景字体、loading 图的样式,可选值为 dark/light

属　性	描　述
enablePullDownRefresh	开启/关闭下拉刷新
onReachBottomDistance	页面上拉时距离页面底部多少 px 时,触底事件触发

以图 2.1 中项目为例,window 中代码如 CORE0210 所示,效果如图 2.9 所示。

代码 CORE0210　app.json

```
{
 ""window":{
  "backgroundTextStyle":"light",
  "navigationBarBackgroundColor": "#000",
  "navigationBarTitleText": "WeChat",
  "navigationBarTextStyle":"white"
   }
}
```

图 2.9　调整窗口样式效果图

（3）tabBar

tabBar 用来设置项目中的底部导航,可以通过 tabBar 属性来改变导航的样式,底部导航页面的数量最多 5 个,最少 2 个。其中当 tabBar 的 position 属性设置为 top 时,导航不能显示

icon，另外，tabBar 属性的 list 中必须包含 pages 数组中的第一项数据。tabBar 属性如表 2.2 所示。

表 2.2　tabBar 属性

属　性	描　述
color	tab 上的文字默认颜色
selectedColor	tab 上的文字选中时的颜色
backgroundColor	tab 的背景色
borderStyle	tabBar 上边框的颜色，仅支持 black/white
list	tab 的列表，最少 2 个、最多 5 个 tab
position	导航的位置，可选值 bottom、top

如上表所示，list 是一个数组，数组中包含的属性如表 2.3 所示。

表 2.3　list 数组包含的属性

属　性	描　述
pagePath	页面路径，必须在 pages 中先定义
text	tab 上按钮文字
iconPath	图片路径，icon 大小限制为 40kb，建议尺寸为 81px * 81px，当 postion 为 top 时，此参数无效
selectedIconPath	选中时的图片路径，icon 大小限制为 40kb，建议尺寸为 81px * 81px，当 postion 为 top 时，此参数无效

以图 2.10 为例，CORE0211 中 tabBar 代码如下。

代码 CORE0211　app.json

```json
{
  "tabBar": {
    "color": "#000000",
    "borderStyle": "#000",
    "selectedColor": "#9999FF",
    "list": [
      {
        "pagePath": "pages/index/index",
        "text": "首页"
      },
      {
```

```
            "pagePath": "pages/logs/logs",
            "text": " 设置 "
          }
        ]
      }
    }
```

图 2.10　设置 tabBar 后的效果图

（4）networkTimeout

微信小程序用 networkTimeout 设置网络请求的超时时间，其中 networkTimeout 的属性如表 2.4 所示。

表 2.4　networkTimeout 的属性

属　　性	描　　述
request	wx.request 函数执行的超时时间，默认为：60000 毫秒
connectSocket	wx.connectSocket 函数执行的超时时间，默认为：60000 毫秒
uploadFile	wx.uploadFile 函数执行的超时时间，默认为：60000 毫秒
downloadFile	wx.downloadFile 函数执行的超时时间，默认为：60000 毫秒

（5）Debug

通过设置 "debug":true 在微信小程序开发者工具中开启 debug 模式，在控制台面板中，可以看到运行后小程序代码中的存在的错误、事件的触发等信息。可以帮助开发者发现问题以及查看错误的位置，使开发者能够快速解决问题。

2 页面配置

页面配置是通过配置 Pages 里面文件夹中的 .json 文件实现的,其目的是实现对应页面中的样式。页面配置相对全局配置来说更加容易,主要是因为页面所对应的 .json 文件只能配置 app.json 文件中对应的 window 项。页面对应的 .json 配置代码 CORE0212 如下所示,对应的效果如图 2.11 所示。

```
代码 CORE0212  index.json
{
"navigationBarBackgroundColor": "#ffffff",
"navigationBarTextStyle": "black",
"navigationBarTitleText": "wechat",
"backgroundColor": "#000000",
"backgroundTextStyle": "light"
}
```

图 2.11　修改页面配置后的效果图

技能点 3　小程序生命周期

要想全面了解小程序开发的流程,或在小程序开发周期内方便快捷的调试出现的 Bug,前提是了解小程序的生命周期和运行原理。生命周期是指一个对象的生老病死的过程,从软件的角度讲,生命周期指从项目的创建、开始、暂停、唤起、停止和卸载的过程。小程序的生命有分两方面,分别是应用生命周期和页面生命周期,此处主要介绍页面周期。生命周期效果如图 2.12 所示。

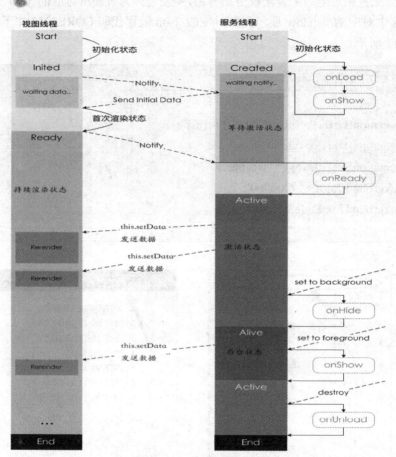

图 2.12　生命周期函数

根据图 2.12 可以看出界面线程的四大状态：初始化状态、首次渲染状态、持续渲染状态、结束状态。其中初始化状态指初始化线程所需要的工作,等初始化完成后向"服务线程"发送信号,进入初始化状态；首次渲染状态为接收"服务线程"发来的初始化数据,开始渲染,之后传递信号给"服务线程",并显示在页面上；持续渲染状态为等待"服务线程"传递过来的数据并进行渲染；结束状态为整个线程结束。

技能点 4　逻辑层方法

1　App() 方法注册程序

App() 函数用来注册小程序且必须写在 app.js 中,这个方法相当于提供了一个小程序的实例,开发者可以在每个页面的 .js 文件里通过 getApp() 调用这个实例。

App() 方法中包含了一些参数,这些参数中有一些函数,例如生命周期函数、错误监听函数等,开发者也可以自行添加一些函数或其他任意类型的属性,这些参数可以对整个小程序的生命周期进行监听或设置一些全局的数据,具体属性信息如表 2.5 所示。

表 2.5 App() 方法中的属性

属性	描述
onLaunch	当小程序初始化完成时会触发
onShow	小程序启动或从后台进入前台显示,会触发
onHide	小程序从前台进入后台,会触发
onError	小程序发生脚本错误或者 API 调用失败时,会触发
其他	开发者可自行添加

根据小程序的生命周期可知小程序先进行初始化才能进行显示,因此执行完 onLaunch 后才可执行 onShow 方法,小程序进行前后台切换时会执行 onShow 和 onHide 方法,相应代码如 CORE0213 所示。

代码 CORE0213 app.js

```
App({
  onLaunch: function () {
    console.log('onlaunch');
  },
  onShow: function (options) {
    console.log('onshow');
  },
  onHide: function () {
    console.log('onhide');
  },
  onError: function (msg) {
    console.log('onerror');
  }
})
```

进行前后台切换后效果如图 2.13 所示。

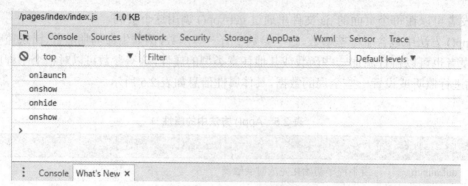

图 2.13　显示前后台切换的控制台效果图

2　Page() 方法注册页面

　　Page() 与 App() 类似也是用来注册的，或者说是用来提供实例的，其区别在于 App() 是用来注册整个小程序的，Page() 是用来注册单个页面的。Page() 方法要写在每个页面的 .js 文件中。Page() 方法中的参数与 App() 中的参数类似，但又有所区别，例如 Page() 的参数中没有初始化小程序的函数 onLunch()，App() 的参数中也没有 onPullDownRefresh() 等一些页面操作的相关函数。Page() 方法接受的参数包括初始化数据，生命周期函数，页面相关的事件处理函数和其他事件处理函数，参数说明如表 2.6 所示。

表 2.6　Page() 方法中的参数

参　数	描　述
data	具有存放页面初始化数据的作用
onLoad	当页面加载完成时执行的生命周期函数
onReady	当页面初次渲染完成时执行的生命周期函数
onShow	当进入页面或从后台进入前台时执行的生命周期函数
onHide	当页面跳转到其他页面或从前台进入后台时执行的生命周期函数
onUnload	当页面重定向或返回上一页时触发
onPullDownRefresh	当页面下拉刷新时执行的方法
onRechButtom	当页面上拉触底时执行的方法
onShareAppMessage	设置当用户点击右上角转发时产生的转发界面的相关内容
onPageScroll	当用户滑动屏幕时触发的事件
其他	开发者任意添加自定义函数，并可用 this 访问

　　根据小程序生命周期可知页面的生命周期函数的执行顺序为 onLoad、onShow、onReady，代码如 CORE0214 所示。

　　控制台效果如图 2.14 所示。

代码 CORE0214 index.js

```js
Page({
  data: {
    text: "hello"
  },
  onLoad: function (options) {
    console.log('indexonload');
  },
  onReady: function () {
    console.log('indexonready');
  },
  onShow: function () {
    console.log('indexonshow');
  },
  onHide: function () {
    console.log('indexonhide');
  },
  onUnload: function () {
    console.log('indexonunlode');
  },
  onPullDownRefresh: function () {
  },
  onReachBottom: function () {
  },
  onShareAppMessage: function () {
  }
})
```

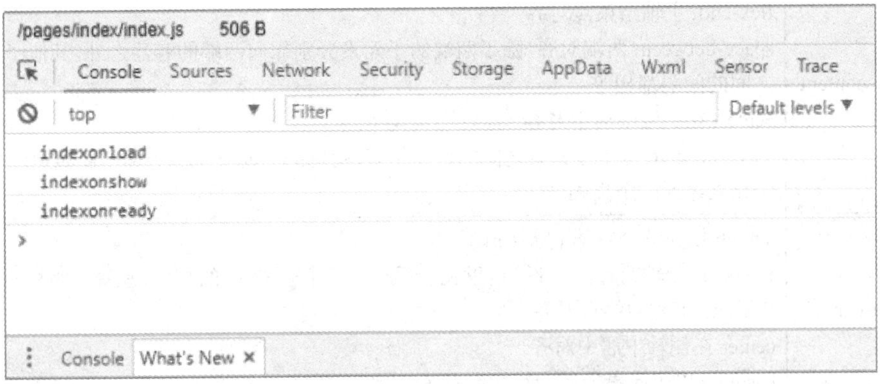

```
/pages/index/index.js    506 B

Console  Sources  Network  Security  Storage  AppData  Wxml  Sensor  Trace

top                ▼   Filter                              Default levels ▼

indexonload
indexonshow
indexonready
>
```

图 2.14　显示页面加载顺序的控制台效果图

提示：当对小程序结构及基础配置有一些了解后，你是否想要知道小程序有哪些限制呢？扫描图中二维码，你会了解更多。

技能点 5　视图展示组件

1　view

view 是视图容器组件，相当于 HTML 代码中的 div 标签，用来盛放展示数据的容器，可以将数据呈现给用户。并且 view 标签成对出现使用，可以在标签中放入其他组件，也可以使用在其他组件中，使用简单，没有固定结构。view 标签有多种属性来进行视图的展示，view 属性如表 2.7 所示。

表 2.7　view 的属性

属　　性	描　　述
flex-direction	row: 从左到右的水平方向为主轴 row-reverse: 从右到左的水平方向为主轴 column: 从上到下的垂直方向为主轴 column-reverse: 从下到上的垂直方向为主轴
justify-content	flex-start: 主轴起点对齐（默认值） flex-end: 主轴结束点对齐 space-between: 两端对齐，除了两端的子元素分别靠向两端的容器之外，其他子元素之间的间隔都相等 center: 在主轴中居中对齐 space-around: 每个子元素之间的距离相等，两端的子元素距离容器的距离也和其他子元素之间的距离相同
align-items	stretch 填充整个容器（默认值） flex-start 侧轴的起点对齐（这里我们手动设置下子 view 的高度，来看的明显一些） flex-end 侧轴的终点对齐 center 在侧轴中居中对齐 baseline 以子元素的第一行文字对齐

另外，view除了这些通用属性还有一些只有子view才支持的属性，如表2.8所示。

表2.8 只有子view支持的属性

属 性	描 述
align-self	可以覆盖父元素的align-items属性，它有6个值可选：auto、flex-start、flex-end、center、baseline、stretch（auto为继承父元素align-items属性，其他和align-items一致）
flex-wrap	nowrap：不换行（默认） wrap：换行 wrap-reverse：换行，第一行在最下面
order	可以控制子元素的排列顺序，默认为0

使用view标签的效果如图2.15所示。

为了实现图2.15的效果，代码如CORE0215、CORE0216所示。

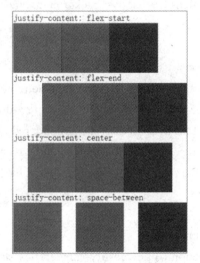

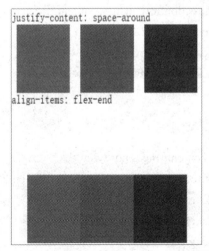
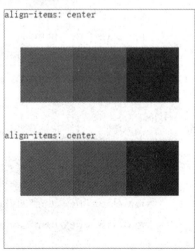

图2.15 使用view标签效果图

代码 CORE0215 index.wxml

```
<view class="page">
  <view class="page__hd">
    <text class="page__title">view</text>
    <text class="page__desc"> 属性使用效果 </text>
  </view>
  <view class="page__bd">
    <view class="section">
      <view class="section__title">flex-direction: row</view>
      <view class="flex-wrp" style="flex-direction:row;">
        <view class="flex-item" style="background: red"></view>
        <view class="flex-item" style="background: green"></view>
        <view class="flex-item" style="background: blue"></view>
      </view>
    </view>
    <view class="section">
      <view class="section__title">flex-direction: column</view>
      <view class="flex-wrp" style="height: 300px;flex-direction:column;">
        <view class="flex-item" style="background: red"></view>
        <view class="flex-item" style="background: green"></view>
        <view class="flex-item" style="background: blue"></view>
      </view>
    </view>
    <view class="section">
      <view class="section__title">justify-content: flex-start</view>
      <view class="flex-wrp" style="flex-direction:row;justify-content: flex-start;">
        <view class="flex-item" style="background: red"></view>
        <view class="flex-item" style="background: green"></view>
        <view class="flex-item" style="background: blue"></view>
      </view>
    </view>
    <view class="section">
      <view class="section__title">justify-content: flex-end</view>
      <view class="flex-wrp" style="flex-direction:row;justify-content: flex-end;">
        <view class="flex-item" style="background: red"></view>
        <view class="flex-item" style="background: green"></view>
        <view class="flex-item" style="background: blue"></view>
      </view>
```

```
        </view>
        <view class="section">
          <view class="section__title">justify-content: center</view>
          <view class="flex-wrp" style="flex-direction:row;justify-content: center;">
            <view class="flex-item" style="background: red"></view>
            <view class="flex-item" style="background: green"></view>
            <view class="flex-item" style="background: blue"></view>
          </view>
        </view>
        <view class="section">
          <view class="section__title">justify-content: space-between</view>
            <view class="flex-wrp" style="flex-direction:row;justify-content: space-between;">
            <view class="flex-item" style="background: red"></view>
            <view class="flex-item" style="background: green"></view>
            <view class="flex-item" style="background: blue"></view>
          </view>
        </view>
        <view class="section">
            <view class="section__title">justify-content: space-around</view>
                <view class="flex-wrp" style="flex-direction:row;justify-content: space-around;">
            <view class="flex-item" style="background: red"></view>
            <view class="flex-item" style="background: green"></view>
            <view class="flex-item" style="background: blue"></view>
          </view>
        </view>
        <view class="section">
          <view class="section__title">align-items: flex-end</view>
          <view class="flex-wrp" style="height: 200px;flex-direction:row;justify-content: center;align-items: flex-end">
            <view class="flex-item" style="background: red"></view>
            <view class="flex-item" style="background: green"></view>
            <view class="flex-item" style="background: blue"></view>
          </view>
        </view>
        <view class="section">
          <view class="section__title">align-items: center</view>
```

```
            <view class="flex-wrp" style="height: 200px;flex-direction:row;justify-content:
center;align-items: center">
                <view class="flex-item" style="background: red"></view>
                <view class="flex-item" style="background: green"></view>
                <view class="flex-item" style="background: blue"></view>
            </view>
        </view>
        <view class="section">
            <view class="section__title">align-items: center</view>
            <view class="flex-wrp" style="height: 200px;flex-direction:row;justify-content:
center;align-items: flex-start">
                <view class="flex-item" style="background: red"></view>
                <view class="flex-item" style="background: green"></view>
                <view class="flex-item" style="background: blue"></view>
            </view>
        </view>
    </view>
</view>
```

代码 CORE0216 index.wxss

```
.flex-wrp{
    height: 100px;
    display:flex;
    background-color: #FFFFFF;
}
.flex-item{
    width: 100px;
    height: 100px;
}
```

2 scroll-view

scroll-view 是滚动视图组件，分为水平滚动和垂直滚动，可以展示更多的数据，并节约页面的空间，使页面布局美观大方，能呈现给用户更多的内容（注意：当纵向滚动时需要设置高度，当横向滚动时需要设置宽度）。scroll-view 标签有多种属性来进行视图的展示，scroll-view 属性如表 2.9 所示。

表 2.9 scroll-view 的属性

属 性	描 述
scroll-x	可以横向滚动
scroll-y	可以纵向滚动
upper-threshold	当滚动到距离顶部/左边有多少 px 时触发 scrolltoupper 事件
lower-threshold	当滚动到距离底部/右边有多少 px 时触发 scrolltolower 事件
scroll-top	设置纵向滚动条距离顶部的位置
scroll-left	设置横向滚动条距离左边的位置
scroll-into-view	属性值为子元素的 id（不能为数字开头），滚动到该位置
scroll-with-animation	在设置位置时使用动画过渡
bindscrolltoupper	当滚动条滚动到顶部/左边时触发 scrolltoupper 事件
bindscrolltolower	当滚动条滚动到底部/右边时触发 scrolltolower 事件
bindscroll	当滚动时，触发函数

使用 scroll-view 标签的效果如图 2.16 所示。

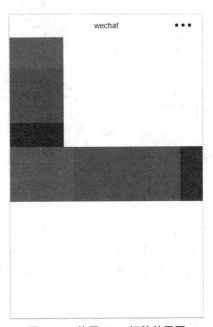

图 2.16 使用 view 标签效果图

为了实现图 2.16 的效果，代码如 CORE0217、CORE0218 所示。

代码 CORE0217 index.wxml

```
<scroll-view scroll-y="true" style="height: 200px">
    <view class="view-y" style="background: red;" ></view>
    <view class="view-y" style="background: green;"></view>
```

```
        <view class="view-y" style="background: blue;"></view>
        <view class="view-y" style="background: yellow;"></view>
</scroll-view>
<!-- 水平滚动 -->
<scroll-view scroll-x="true" style=" white-space: nowrap; width:350; display: inline-block" >
    <!-- display: inline-block-->
    <view class="view-x" style="background: red;" ></view>
    <view class="view-x" style="background: green;"></view>
    <view class="view-x" style="background: blue;"></view>
    <view class="view-x" style="background: yellow;"></view>
</scroll-view>
```

代码 CORE0218 index.wxss

```
.view-y{
 width: 100px;
 height: 100px;
}
.view-x{
 width: 200px;
 height: 100px;
 display: inline-block
}
```

3 swiper

swiper 是轮播图组件，多张图片在一定时间间隔内进行循环播放，其主要作用是吸引用户眼球。它由多个容器组成，每个容器之间可以滑动切换，其代码结构由轮播图容器（< swiper > 标签）和轮播图组件（< swiper-item > 标签）组成。swiper 标签有多种属性来进行视图的展示，swiper 属性如表 2.10 所示。

表 2.10 swiper 的属性

属　　性	描　　述
indicator-dots	选择是否显示指示点（默认为 false）
indicator-color	设置指示点颜色
indicator-active-color	指示点选中时显示的颜色
autoplay	是否自动轮播

项目二　KeepFit 健身主界面模块　　55

续表

属　　性	描　　述
current	所在页面的下标（index）
interval	轮播间隔时间
duration	轮播过程时间
circular	设置衔接滑动
vertical	设置纵向滑动
bindchange	轮播时触发事件返回值

使用 swiper 标签的效果如图 2.17 所示。

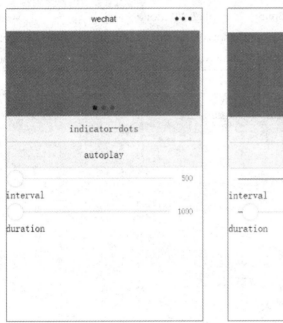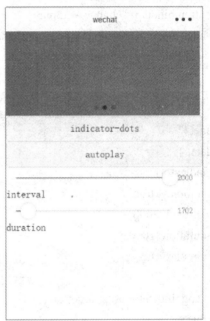

图 2.17　使用 swiper 标签的效果前后

为了实现图 2.17 的效果，代码如 CORE0219、CORE0220 所示。

代码 CORE0219　index.wxml

```
<swiper indicator-dots="false"
 autoplay="{{autoplay}}" interval="{{interval}}" duration="{{duration}}">
 <block>
  <swiper-item>
   <view style="width:355px; height:150px;background:red;"></view>
  </swiper-item>
 </block>
 <block>
```

```
      <swiper-item>
        <view style="width:355px; height:150px;background:green;"></view>
      </swiper-item>
    </block>
    <block>
      <swiper-item>
        <view style="width:355px; height:150px;background:yellow;"></view>
      </swiper-item>
    </block>
</swiper>
<button bindtap="changeIndicatorDots"> indicator-dots </button>
<button bindtap="changeAutoplay"> autoplay </button>
<slider bindchange="intervalChange" show-value min="500" max="2000"/> interval
<slider bindchange="durationChange" show-value min="1000" max="10000"/> duration
```

代码 CORE0220 index.js

```
Page({
  data: {
    indicatorDots: true,
    autoplay: true,
    interval: 2000,
    duration: 1000,
    circular:true
  },
  changeIndicatorDots: function (e) {
    this.setData({
      indicatorDots: !this.data.indicatorDots
    })
  },
  changeAutoplay: function (e) {
    this.setData({
      autoplay: !this.data.autoplay
    })
  },
  intervalChange: function (e) {
    this.setData({
      interval: e.detail.value
```

```
    })
  },
  durationChange: function (e) {
    this.setData({
      duration: e.detail.value
    })
  }
})
```

通过下面八个步骤的操作,实现图 2.2 所示的 KeepFit 我知模块界面及所对应的功能。

第一步:打开微信小程序开发工具,找到项目中 pages 文件夹,点击鼠标右键,创建我行、资源和我的文件夹,并在相对应的文件夹下创建 .js、.wxml、.wxss 和 .json 文件,文件名称和文件夹名称相同。如图 2.18 所示。

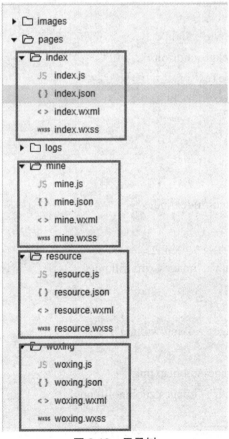

图 2.18 目录树

第二步：在 app.json 文件中进行页面配置。代码 CORE0221 如下所示。

代码 CORE0221 app.json
```
{
  "pages":[
    "pages/index/index",
    "pages/mine/mine",
    "pages/logs/logs",
    "pages/woxing/woxing",
    "pages/resource/resource"
  ]
}
```

第三步：在 app.json 文件中进行选项卡制作。代码如 CORE0222 所示，效果如图 2.19 所示。

代码 CORE0222 app.json
```
{
  "window":{
    "backgroundTextStyle":"light",
    "navigationBarBackgroundColor": "#fff",
    "navigationBarTitleText": " 运动健身 ",
    "navigationBarTextStyle":"black"
  },
  "tabBar": {
    "list": [
      {
        "pagePath": "pages/index/index",
        "text": " 我知 ",
        "iconPath": "images/xinxi.png",
        "selectedIconPath": "images/xinxifill.png"
      },
      {
        "pagePath": "pages/woxing/woxing",
        "text": " 我行 ",
        "iconPath": "images/zuobiao.png",
        "selectedIconPath": "images/zuobiaofill.png"
      },
```

```
    {
      "pagePath": "pages/resource/resource",
      "text": " 资源 ",
      "iconPath": "images/icon_component.png",
      "selectedIconPath": "images/xinxifill.png"
    },
    {
      "pagePath": "pages/mine/mine",
      "text": " 我的 ",
      "iconPath": "images/yonghu.png",
      "selectedIconPath": "images/yonghu.png"
    }
  ]
 }
}
```

图 2.19　选项卡效果图

第四步：我知界面轮播图的制作。

轮播图采用轮播组件（swiper）制作，代码如 CORE0223、CORE0224 所示，设置样式前效果如图 2.20 所示。

代码 CORE0223 轮播图代码 wxml

```wxml
<swiper indicator-dots="{{indicatorDots}}"
    autoplay="{{autoplay}}" interval="{{interval}}" duration="{{duration}}">
  <block wx:for="{{imgUrls}}">
    <swiper-item class="pic">
      <navigator hover-class="navigator-hover">
        <image id="mainpic" src="{{item.url}}" class="slide-image" />
      </navigator>
    </swiper-item>
  </block>
</swiper>
```

代码 CORE0224 轮播图代码 js

```js
var app = getApp()
Page({
  data: {
    imgUrls: [
      {
        link: '/pages/index/index',
        url: 'http://img02.tooopen.com/images/20150928/tooopen_sy_143912755726.jpg'
      }, {
        link: '/pages/logs/logs',
        url: 'http://img06.tooopen.com/images/20160818/tooopen_sy_175866434296.jpg'
      }, {
        link: '/pages/test/test',
        url: 'http://img06.tooopen.com/images/20160818/tooopen_sy_175833047715.jpg'
      }
    ],
    indicatorDots: true,
    autoplay: true,
    interval: 5000,
    duration: 1000,
    userInfo: {}
  },
  onLoad: function () {
```

```
    console.log('onLoad test');
  }
})
```

图 2.20　轮播图设置样式前

设置轮播图样式,需要为图片设置宽高来改变图片的大小。部分代码如 CORE0225 所示,设置样式后效果如图 2.21 所示。

代码 CORE0225　轮播图 wxss 代码

```
// 轮播图样式
  swiper{
  width: 100%;
  height: 500rpx;
  }
  #mainpic{
  width: 100%;
  height: 500rpx;
  }
```

图 2.21 轮播图设置样式后

第五步：我知界面列表区域的制作。

列表区域的每个列表都是由上方文字和下方图片组成。部分代码如 CORE0226 所示，效果如图 2.22 所示。

```html
代码 CORE0226  图标区域 html
<!-- 轮播图下方的列表 -->
  <view class="maindiv">
     <view class="maindiv-view" bindtap='toDazhong'> 训练专区 <span class="main-spsan"></span></view>
     <!-- 使图片横向滚动 -->
     <scroll-view class="recommend_scroll_x_box" scroll-x="true">
        <view class="recommend_hot_box">
<!-- 横向滚动的图片 -->
           <image src="https://ss0.bdstatic.com/70cFuHSh_Q1YnxGkpoWK1HF6hhy/it/u=3020990805,3463305845&fm=27&gp=0.jpg" class="recommend_hot_image"></image>
           <image src="http://img06.tooopen.com/images/20170818/tooopen_sy_175866434296.jpg" class="recommend_hot_image"></image>
        </view>
     </scroll-view>
  </view>
```

```
        <view class="maindiv">
            <view class="maindiv-view"> 活动专区 <span class="mainspsan"></span></view>
            <view class="recommend_hot_box">
                <image src="https://timgsa.baidu.com/timg?image&quality=80&size=b9999_10000&sec=1505031550094&di=bf27830ceb76ee7f64437b69a38a9d62&imgtype=0&src=http%3A%2F%2Fpic.58pic.com%2F58pic%2F14%2F73%2F00%2F-74s58PICPC4_1024.jpg" class="mainimage"></image>
                <image src="https://timgsa.baidu.com/timg?image&quality=80&size=b9999_10000&sec=1505031654208&di=a12d3195558ee497dda68a125683ced5&imgtype=0&src=http%3A%2F%2Fimg05.tooopen.com%2Fimages%2F20140604%2Fsy_62325163492.jpg" class="mainimage"></image>
            </view>
        </view>
        <view class="maindiv" bindtap="music">
            <view class="maindiv-view"> 音乐专区 <span class="mainspsan"></span></view>
            <scroll-view class="recommend_scroll_x_box" scroll-x="true">
                <view class="recommend_hot_box">
                    <image src="https://timgsa.baidu.com/timg?image&quality=80&size=b9999_10000&sec=1505031700855&di=8a81f53c8b9dd0ec32ed8773a7f51301&imgtype=0&src=http%3A%2F%2Fimgsrc.baidu.com%2Fimage%2Fc0%253Dshijue1%252C0%252C0%252C294%252C40%2Fsign%3Dbcc7578b007b020818c437a20ab098a6%2F7af40ad162d9f-2d385ed5bc1a3ec8a136327cc24.jpg" class="recommend_hot_image"></image>
                    <image src="http://img06.tooopen.com/images/20160818/tooopen_sy_175866434296.jpg" class="recommend_hot_image"></image>
                </view>
            </scroll-view>
        </view>
        <view class="maindiv">
            <view class="maindiv-view"> 编排专区 <span class="mainspsan"></span></view>
            <view class="recommend_hot_box">
                <view class="maind"><image src="https://timgsa.baidu.com/timg?image&quality=80&size=b9999_10000&sec=1505626483&di=96180ff2115b1035e64946e27f40b-3c7&imgtype=jpg&er=1&src=http%3A%2F%2Fp1.g.680.com%2F2015-11%2F201511301410207317.png" class="mainimage1"></image>
                    <view class="mainvie"> 小明 </view></view>
```

```
        <view class="maind"><image src="https://timgsa.baidu.com/timg?image&quali-
ty=80&size=b9999_10000&sec=1505031813723&di=44b8c72f405167d879dc-
3c1cd19580ae&imgtype=0&src=http%3A%2F%2Fimg35.ddimg.
cn%2F73%2F9%2F1453386205-1_u.jpg" class="mainimage1"></image>
        <view class="mainvie"> 小华 </view></view>
    </view>
</view>
```

图 2.22 列表区域设置样式前

设置列表区域样式，需要设置文字的大小、位置以及图片的宽度高度，另外横向滚动部分必须设置宽度。部分代码如 CORE0227 所示，设置样式后效果如图 2.23 所示。

代码 CORE0227 图标区域 CSS 代码

```css
/* 设置上下边框 */
.maindiv{
  margin-top: 30rpx;
  border-top: 1px solid #ccc;
  border-bottom: 1px solid #ccc;
  padding: 30rpx;
  height: 400rpx;
}
```

```css
.maindiv-view{
  padding-bottom: 30rpx;
}
/* 图片的大小位置 */
.mainimg{
  width: 100%;
  height: 300rpx;
  float: left;
}
/* 横向滚动区域宽度高度设置 */
.recommend_scroll_x_box {
  width: 100%;
  white-space: nowrap;
  height: 320rpx;
}
/* 包含的 view 大小 */
.recommend_hot_box {
  width: 100%;
  height: 320rpx;
  margin-right: 24rpx;
  display: inline-block;
}
/* 图片大小 */
.recommend_hot_image {
  width: 100%;
  height: 320rpx;
}
/* 箭头位置 */
.mainspsan{
  float: right;
}
/* 没有横向滚动的图片大小 */
.mainimage{
  width: 48%;
  height: 98%;
  padding:1%;
}
.mainimage1{
```

```
    width: 100%;
    height: 90%;
}
.maind{
    width: 48%;
    height: 98%;
    padding:1%;
    float:left
}
.mainvie{
    text-align: center;
}
```

图 2.23　列表区域设置样式后

第六步：创建训练专区界面并配置。

第七步：创建音乐专区界面并配置。

第八步：我知页面跳转的实现，当点击训练专区或者音乐专区时发生跳转，进入训练专区或者音乐界面，代码如 CORE0228 所示。

代码 CORE0228 我知页面跳转（index.js）

```js
var app = getApp()
Page({
  data: {
    imgUrls: [
      {
        link: '/pages/index/index',
        url: 'http://img02.tooopen.com/images/20150928/tooopen_sy_143912755726.jpg'
      }, {
        link: '/pages/logs/logs',
        url: 'http://img06.tooopen.com/images/20160818/tooopen_sy_175866434296.jpg'
      }, {
        link: '/pages/test/test',
        url: 'http://img06.tooopen.com/images/20160818/tooopen_sy_175833047715.jpg'
      }
    ],
    indicatorDots: true,
    autoplay: true,
    interval: 5000,
    duration: 1000,
    userInfo: {}
  },
  onLoad: function () {
    console.log('onLoad test');
  },
  music: function (event) {
    console.log(event);
    wx.navigateTo({
      url: '../sing/sing'
    })
  },
  toDazhong:function(){
    wx.navigateTo({
      url: '../dazhongtiyu/dazhongtiyu',
    })
  }
})
```

至此，KeepFit 健身主界面模块制作完成。

本项目通过学习 KeepFit 健身主界面，了解微信小程序如何布局实现界面的美观和整齐，掌握小程序的项目结构和对小程序的生命周期有深入的了解，掌握小程序的逻辑层方法和视图展示的组件，并通过所学知识，制作出 KeepFit 健身主界面和相关网站的轮播图。

page	页面
navigation	导航
refresh	刷新
flex	弹性工作制的
view	视图容器
align	排列
scroll	卷轴
swiper	滑块视图容器
indicator	指示器

一、选择题

1. 在 .json 文件中不能配置导航栏的（   ）。
  A. 背景颜色　　　　B. 字体颜色　　　　C. 字体大小　　　　D. 文字信息

2. 底部导航页面的数量最多（   ）个。
  A.3　　　　B.4　　　　C.5　　　　D.6

3. 以下哪个是滚动视图组件（   ）。
  A.scroll-view　　　　B.swiper　　　　C.picker　　　　D.view

4. 小程序的生命周期分为页面生命周期和（   ）。
  A. 应用生命周期　　　　B. 渲染生命周期
  C. 加载生命周期　　　　D. 卸载生命周期

5. 小程序页面的生命周期函数不包含（   ）。
  A.onLoad　　　　B.onLaunch　　　　C.onHide　　　　D.onShow

二、填空题

1. 页面中的文件的优先级 _____ 于 app.json 等公共文件。
2. pages 主要存放小程序的 _____。
3. 小程序页面中 _____ 和 _____ 两个文件是必须存在的。
4. 可以通过 tabBar 中的 _____ 属性来定义底部导航内容。
5. 在页面中添加轮播图使用的是 _____ 组件。

三、上机题

使用微信开发者工具编写符合以下要求的页面。

要求：使用导航栏、底部导航栏、轮播图等知识实现以下效果。

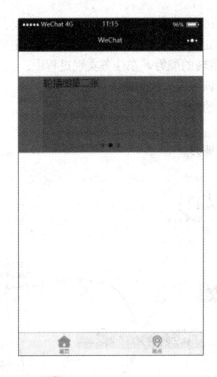

项目三　KeepFit 健身训练专区模块

通过实现 KeepFit 健身训练专区模块，了解微信小程序将列表和视频完美结合的思路，学习小程序的基本组件、数据绑定、导航等相关知识，掌握数据绑定的流程和应用，具有使用组件和事件实现视频播放和界面跳转的能力。在任务实现过程中：

- 了解微信小程序制作训练专区的思路。
- 掌握小程序数据绑定的流程。
- 掌握导航的制作。
- 具有实现视频播放的能力。

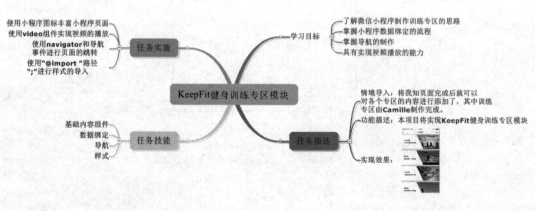

【情境导入】

在 KeepFit 健身首界面通过点击训练专区，能够跳转到训练专区模块。训练专区主要是为用户提供视频教学的地方，方便用户随时随地进行健身。为了使用户快速找到适合自己健身项目,研发团队设计了导航界面,将每类健身项目通过图片与文字用列表的形式展现,且每类健身项目还划分为基础、中级、高级的健身学习模式,并以小节的形式进行视频学习。本项目主要通过 KeepFit 健身训练专区来学习微信小程序的导航与样式。

【功能描述】

本项目将实现 KeepFit 健身训练专区模块。
- 使用小程序图标丰富小程序页面。
- 使用 video 组件实现视频的播放。
- 使用 navigator 和导航事件进行页面的跳转。
- 使用"@import " 路径 ";"进行样式的导入。

【基本框架】

基本框架如图 3.1 所示。通过本项目的学习,能将框架图 3.1、图 3.3、图 3.5、图 3.7 转换成 KeepFit 大众体育、项目分类、视频列表、视频界面,效果如图 3.2、图 3.4、图 3.6、图 3.8。

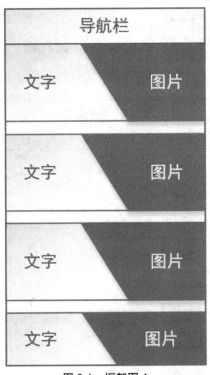

图 3.1　框架图 1

图 3.2　效果图 1

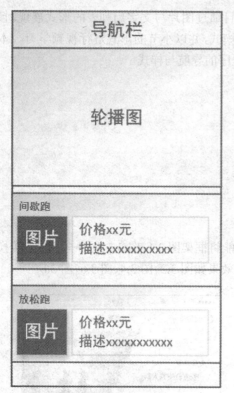

图 3.3　框架图 2

图 3.4　效果图 2

图 3.5　框架图 3

图 3.6　效果图 3

图 3.7　框架图 4　　　　　　　图 3.8　效果图 4

技能点 1　基础内容组件

微信小程序的框架提供了很多组件，那么什么是组件呢？组件类似于 HTML 中的标签，包括开始标签，结束标签及相关属性。组件是视图层的基本组成单元，也就是说视图层的布局结构可以通过组件来实现，不同的组件具有不同的功能和样式。

1　icon（图标）

当开发者想在页面中添加一些小图标时，可通过微信小程序自带的 icon 组件进行添加。icon 是一种图标格式，用于系统图标、软件图标等，扩展名为 .icon、.ico。通过 icon 图标可以方便的显示程序的操作状态，提高用户的体验程度。在使用 icon 图标时可以设置图标的类型、大小和颜色，icon 属性如表 3.1 所示。

其中 icon 图标类型目前支持 success，info，warn 等 10 种，具体如表 3.2 所示。

使用 icon 图标效果如图 3.9 所示，代码如 CORE0301 所示。

表 3.1　icon 属性

属　性	说　　明
type	表示图标的类型
size	表示设置的图标的大小（未设置默认为 23px）
color	表示设置的图标的颜色

表 3.2　icon 图标类型

属性值	说　　明
success	成功标志
success_no_circle	安全成功标志
info	提示信息
warn	警告信息
waiting	等待图标
waiting_circle	带圆的等待图标
cancel	取消图标
download	下载图标
search	搜索图标
clear	清除图标

图 3.9　使用 icon 图标效果图

为了实现图 3.9 的效果,代码如 CORE0301 所示。

代码 CORE0301　index. wxml

<icon type="success"/>
<icon type="success" size='50'/>
<icon type="success" size='50' color='#f00'/>

2　text(文本)

text 组件用于向视图中添加文本,并可使用不同属性实现对文本的控制,包括文字是否允许被选中,是否解码等,具体属性如表 3.3 所示。

表 3.3　text 组件属性表

属性	说明
selectable	表示文字是否允许被选择,默认为 false
space	表示是否显示连续空格及其样式,默认为不显示,ensp:英文空格字符大小、emsp:中文空格字符大小、nbsp 根据字体确定空格大小
decode	表示文字是否解码,默认为 false

使用文本属性实现效果如图 3.10 所示。

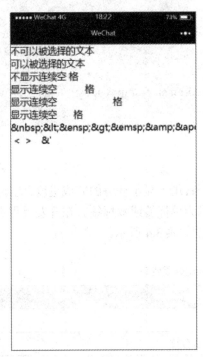 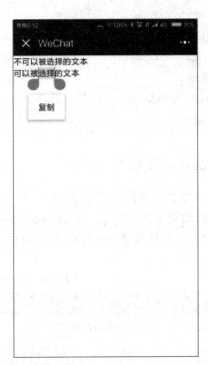

图 3.10　使用文本属性效果图

为了实现图 3.10 的效果,代码如 CORE0302 所示。

代码 CORE0302　index.wxml

```
<view>
  <text>不可以被选择的文本</text>
</view>
<view>
  <text selectable='true'>可以被选择的文本</text>
</view>
<view>
  <text>不显示连续空    格</text>
</view>
<view>
  <text space='ensp'>显示连续空    格</text>
</view>
<view>
  <text space='emsp'>显示连续空    格</text>
</view>
<view>
  <text space='nbsp'>显示连续空    格</text>
</view>
<view>
  <text> &lt; &gt; &amp;&apos;</text>
</view>
<view>
  <text decode='true'> &lt; &gt; &amp;&apos;</text>
</view>
```

3 progress(进度条)

　　progress 组件主要是在视图中添加一个进度条,用于显示任务的完成进度,比如视频、音频的播放进度、数据下载进度等。progress 组件可以为单标签或双标签。在开发过程中进度条可以通过其自身的属性改变自己的样式,具体的属性如表 3.4 所示。

表 3.4　progress 组件属性表

属　　性	说　　明
percent	表示进度的百分比
show-info	表示是否在进度条后面显示进度百分比
stroke-width	设置进度条宽度(单位 px)
color	设置进度条颜色(推荐使用 activeColor 属性,二者效果相同)

属　性	说　明
activeColor	设置进度条颜色
backgroundColor	进度条背景颜色
active	是否显示从左往右的动画

使用 progress 属性实现不同颜色、宽度的效果,如图 3.11 所示。

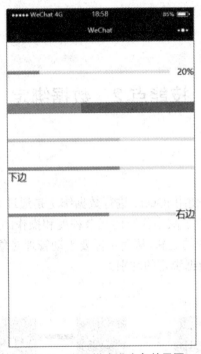

图 3.11　不同样式进度条效果图

为了实现图 3.11 的效果,代码如 CORE0303 所示。

```
代码 CORE0303　index. wxml
<progress percent="20" show-info/>
<progress percent="40" stroke-width="20" backgroundColor='red'/>
<progress percent="60" active activeColor='pink' />
<progress percent="60"/> 下边
<progress percent="60"> 右边 </progress>
```

提示:通过进度条技能点的学习,了解到长形进度条的各种样式,扫描下方二维码,可以了解到进度条的历史及类型。

技能点 2　数据绑定

1　简单绑定

对于前端开发人员来说,使用 jQuery 进行数据绑定是通过 DOM 操作连接视图与对象实现的,而微信小程序则不同,为了减小代码的冗余程度和操作的不便,通过单向数据流的状态模式直接实现了从对象到视图的更新,从而不需要手动管理对象和视图的一致性。图 3.12 展示了传统数据绑定与小程序数据绑定的区别。

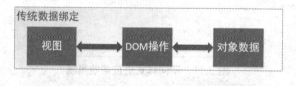

图 3.12　数据绑定

数据绑定的方法是使用 Mustache 语法(双大括号)将变量包起来,变量来源于对应的 js 中的 data 里面的数据。变量可以是组件中的内容,也可以是组件属性或者运算,使用数据绑定实现效果如图 3.13 所示。

项目三　KeepFit 健身训练专区模块

图 3.13　使用数据绑定效果图

为了实现图 3.13 的效果，代码如 CORE0304、CORE0305 所示。

代码 CORE0304　index.wxml

```
<view>{{name}}</view>
<view id='item-{{id}}' class='{{className}}'></view>
<view hidden='{{show?true:false}}'>switch</view>
<view>{{a+b}}</view>
<view>{{'hi'+' '+name}}</view>
<view>{{obj.attr1}}</view>
```

代码 CORE0305　index.js

```
Page({
  data: {
    name:'ZhangSan',
    id:'1',
    className:'hi',
    show:false,
    a:1,
    b:2,
    obj:{attr1:'at1',attr2:'at2'}
  }
})
```

技能点 3　导航

1　navigator

　　navigator 是导航组件，类似于 HTML 代码中的 a 标签，用来链接页面并进行页面的跳转。navigator 标签成对出现使用，当标签的 url 属性填入想要跳转页面的相对路径后，点击标签包含的内容区域就可以进行跳转，使用简单、方便。navigator 标签有多种属性来进行跳转的设置，navigator 属性如表 3.5 所示。

表 3.5　navigator 组件属性表

属性	描述
url	跳转页面的相对路径
open-type	设置页面跳转的方式
delta	设置跳转后退页面的层数，只有当 open-type='navigateBack' 时才能有效
hover-class	设置点击时的样式
hover-stop-propagation	阻止先祖节点出现点击状态
hover-start-time	点击时间设置，单位为毫秒
hover-stay-time	设置点击后延迟时间，单位为毫秒

　　其中，navigator 的 open-type 属性值，如表 3.6 所示。

表 3.6　open-type 属性值列表

属性值	描述
navigate	保留当前页面进行页面跳转
redirect	关闭当前页面进行页面跳转
switchTab	跳转到 tabBar 页面
reLaunch	关闭所有页面进行页面跳转
navigateBack	关闭当前页面，返回上一页面或多级页面

　　使用 navigator 标签的效果如图 3.14 所示。
　　点击跳转新页面效果如图 3.15 所示。

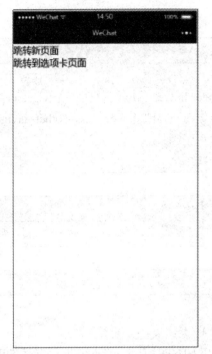

图 3.14　使用 navigator 标签的效果图　　　　图 3.15　跳转新页面的效果图

点击跳转到选项卡页面效果如图 3.16 所示。

图 3.16　跳转选项卡页面的效果图

为了实现图 3.14、图 3.15、图 3.16 的效果，代码如 CORE0306、CORE0307、CORE0308、

CORE0309、CORE0310、CORE0311 所示。

代码 CORE0306　jump.wxml

```
<view class="btn-area">
  <navigator url="../new/new" hover-class="navigator-hover"> 跳转新页面 </navigator>
    <navigator url="../index/index" open-type="switchTab" hover-class="other-navigator-hover"> 跳转到选项卡页面 </navigator>
  </view>
```

代码 CORE0307　new.wxml

```
<view> 我是新页面 </view>
```

代码 CORE0308　index.wxml

```
<view class="container">
  <view bindtap="bindViewTap" class="userinfo">
    <image class="userinfo-avatar" src="{{userInfo.avatarUrl}}" background-size="cover"></image>
    <text class="userinfo-nickname">{{userInfo.nickName}}</text>
  </view>
  <view class="usermotto">
    <text class="user-motto">{{motto}}</text>
  </view>
</view>
```

代码 CORE0309　index.js

```
var app = getApp()
Page({
 data: {
   motto: ' 欢迎来到微信小程序 ',
   userInfo: {}
 },
 // 事件处理函数
 bindViewTap: function() {
   wx.navigateTo({
     url: '../logs/logs'
   })
 },
```

```
onLoad: function () {
  console.log('onLoad')
  var that = this
  // 调用应用实例的方法获取全局数据
  app.getUserInfo(function(userInfo){
    // 更新数据
    that.setData({
      userInfo:userInfo
    })
  })
}
})
```

代码 CORE0310 log. wxml

```
<view class="container log-list"> 我是选项卡页面 </view>
```

代码 CORE0311 app.json

```
{
 "pages":[
  "pages/jump/jump",
  "pages/new/new",
  "pages/index/index",
  "pages/logs/logs"
 ],
 "window":{
  "backgroundTextStyle":"light",
  "navigationBarBackgroundColor": "#000",
  "navigationBarTitleText": "WeChat",
  "navigationBarTextStyle":"white"
 },
 "tabBar": {
   "color": "#000000",
   "borderStyle": "#000",
   "selectedColor": "#9999FF",
   "list": [
    {
     "pagePath": "pages/index/index",
```

```
          "text": " 首页 "
        },
        {
          "pagePath": "pages/logs/logs",
          "text": " 设置 "
        }
      ]
    }
```

2 导航事件

导航事件的作用跟导航组件相同,都是用来连接界面并进行页面之间的跳转,与导航组件(navigator)不同的是导航组件必须写到 .wxml 文件中,导航事件必须写在 .js 文件中并嵌入在事件函数内被使用。导航事件有多种方法来进行跳转,导航事件方法如表 3.7 所示。

表 3.7 导航事件列表

方 法	描 述
wx.navigateTo	保留当前页面并跳转到新页面
wx.redirectTo	关闭当前页面并跳转到新页面
wx.reLaunch	关闭所有页面并打开新页面
wx.switchTab	关闭非 tabBar 页面并跳转到 tabBar 页面
wx.navigateBack	返回历史页面(一级或多级)并关闭当前页面

其中,wx.navigateTo、wx.redirectTo、wx.reLaunch、wx.switchTab 方法含有相同属性,如表 3.8 所示。

表 3.8 导航事件相同的属性

属 性	描 述
url	跳转路径
success	成功时回调
fail	失败时回调
complete	结束时回调

wx.navigateBack 方法含有属性,如表 3.9 所示。

表 3.9 wx.navigateBack 方法的属性

属 性	描 述
delta	返回历史页面的层数

使用导航事件的效果如图 3.17 所示。

点击跳转新页面按钮进入新页面如图 3.18 所示。

图 3.17　使用导航事件跳转新页面的效果图　　　　图 3.18　新页面的效果图

点击跳转到选项卡页面按钮进入选项卡界面如图 3.19 所示。

图 3.19　使用导航事件跳转到的选项卡页面的效果图

点击返回第一个界面按钮返回第一个页面。

为了实现图 3.17、图 3.18、图 3.19 的效果,代码如 CORE0312、CORE0313 所示。

代码 CORE0312　jump.js

```js
Page({
  data: {
  },
  // 事件处理函数
  jumpnew: function () {
    wx.navigateTo({
      url: '../new/new'
    })
  },
  onLoad: function () {
    console.log('onLoad')
  }
})
```

代码 CORE0313　new.js

```js
Page({
  data: {
  },
  // 事件处理函数
  jumptab: function () {
    wx.switchTab({
      url: '../index/index'
    })   // 跳转到选项卡
  },
  goback: function () {
    wx.navigateBack({
      delta:1
    })   // 跳转到上一个页面
  },
  onLoad: function () {
    console.log('onLoad')
  }
})
```

项目三　KeepFit 健身训练专区模块　　87

提示：当对小程序跳转功能了解之后，你是否想知道如何进行页面之间传参呢？扫描图中二维码，你将学到更多。

技能点 4　样式

1　尺寸单位

相对于 Web 前端 CSS 中的尺寸单位（px、rem），小程序为了适应前端开发人员，在 CSS 尺寸单位的基础上扩充了新的尺寸单位 rpx，使用 rpx 可以进行屏幕宽度的自适应，同时，微信小程序也支持 CSS 原有的尺寸单位，屏幕宽度默认为 750rpx；rpx 在不同设备上的比例如表 3.10 所示。

表 3.10　rpx 在不同设备上的比例

设　　备	换算成 px
iPhone5	1rpx=0.42px
iPhone6	1rpx=0.5px
iPhone6 Plus	1rpx=0.552px

建议：当进行微信小程序开发或设计时尽量使用 iPhone6 作参考。

使用 rpx 的效果如图 3.20 所示。

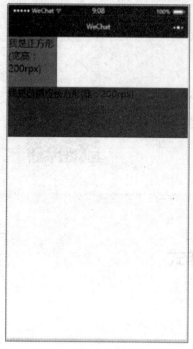
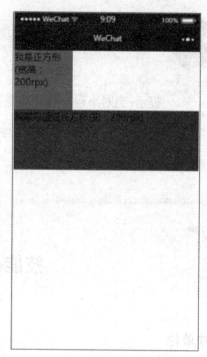

（a）iPhone6　　　　　　　　　　　（b）iPhone5

图 3.20　使用 rpx 的效果

为了实现图 3.20 的效果，代码如 CORE0314 所示。

代码 CORE0314　index.wxml

`<view style='width:200rpx;height:200rpx;background:red;'>`
我是正方形（宽高：200rpx）
`</view>`
`<view style='height:200rpx;background:blue;'>`
我是自适应长方形（高：200rpx）
`</view>`

2　导入样式

微信小程序导入 wxss 样式文件的方式跟 Web 前端 CSS 外联样式的导入有很大不同，CSS 导入需要使用 link 标签或者使用 @import url(路径) 在页面中进行导入，而 wxss 样式只能通过"@import " 路径 ";"在 wxss 文件中进行导入，wxss 样式导入的代码如 CORE0315、CORE0316、CORE0317 所示。效果如图 3.21 所示。

 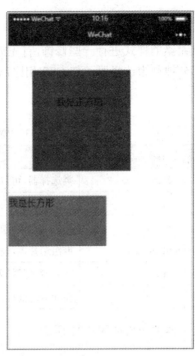

图 3.21 wxss 样式导入后的效果图

代码 CORE0315　jump.wxml

```
<view class='square'> 我是正方形 </view>
<view class='rectangle'> 我是长方形 </view>
```

代码 CORE0316　jump.wxss

```
@import "lead.wxss"
```

代码 CORE0317　lead.wxss

```
.square{
 width:200rpx;
 height:200rpx;
 background:blue;
 padding: 100rpx;
 margin: 100rpx;
}
.rectangle{
 width:400rpx;
 height:200rpx;
 background:red;
}
```

3 选择器

要想对元素的样式进行一些修饰,首先需要找到该目标元素,在 wxss 中,执行这一任务的样式规格部分被称为选择器。与 CSS 相比,wxss 只能支持部分选择器,wxss 支持的选择器如表 3.11 所示。

表 3.11 wxss 支持的选择器

选择器	描 述
class	类选择器,可以多次使用,使用方法:.class{ }
id	id 选择器,不可以重复,使用方法:#id{ }
element	标签选择器,使用方式:标签 { }
Element,element	群组选择器,使用方式:标签,标签 { }
::after	在元素之后插入
::before	在元素之前插入

使用选择器的效果如图 3.22 所示。

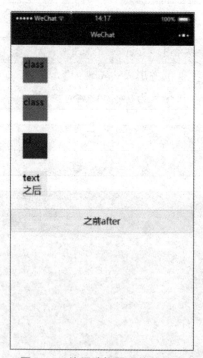

图 3.22 使用选择器后的效果图

为了实现图 3.22 的效果,代码如 CORE0318、CORE0319 所示。

代码 CORE0318 jump.wxml

```
<view class='classes'>class</view>
<view class='classes'>class</view>
<view id='id'>id</view>
<text>text</text>
<button>after</button>
```

代码 CORE0319 jump.wxss

```
.classes{
  width: 100rpx;
  height: 100rpx;
  background: red;
  margin: 50rpx;
}
#id{
  width: 100rpx;
  height: 100rpx;
  background: blue;
  margin: 50rpx;
}
text{
  width: 100rpx;
  height: 100rpx;
  background: yellow;
  display: block;
  margin: 50rpx;
}
text::after{
  content: " 之后 ";
}
button::before{
  content: " 之前 ";
}
```

通过下面 11 个步骤的操作,实现图 3.2 所示的 KeepFit 健身训练专区模块界面及对应的功能。
第一步:创建训练专区界面并配置(由于上一章已经创建过了,这里就不再进行创建)。
第二步:训练专区界面的制作。
训练专区主要由列表组成,代码 CORE0320、CORE0321 如下,设置样式前效果如图 3.23 所示。

代码 CORE0320 训练专区 wxml

```
<view class="main">
  <view class="bar"></view>
  <!-- 通过 wx:for 从 js 中进行数据的遍历 -->
  <view class="items" wx:for="{{arr}}" bindtap='bindxmfl'>
   <view class="wrap">
    <view class="left">
     <view class="container">
     <view class="wrap2">
      <!-- 文字区域 -->
      <view class="l-t">{{item.text1}}</view>
       <view class="l-b">{{item.text2}}</view>
     </view>
    </view>
   </view>
   <!-- 图片区域 -->
   <view class="right"><image class="swiper-item" src="{{item.imgSrc}}" mode="aspectFill"></image></view>
  </view>
 </view>
</view>
```

代码 CORE0321 训练专区 js

```
Page({
 data: {
  arr: [
   {
    imgSrc: '../../images/12.jpg',
    text1: '大众体育',
    text2: '一些适合所有人群的体育活动'
```

```
    },
    {
      imgSrc: '../../images/11.jpg',
      text1: ' 健美操 ',
      text2: ' 健美操是一种有氧运动特征是持续一定时间的,...'
    },
    {
      imgSrc: '../../images/22.jpg',
      text1: ' 大众体育 ',
      text2: ' 一些适合所有人群的体育活动 '
    },
    {
      imgSrc: '../../images/32.jpg',
      text1: ' 健美操 ',
      text2: ' 健美操是一种有氧运动特征是持续一定时间的,...'
    }
  ]
 }
})
```

图 3.23　训练专区设置样式前

设置训练专区列表的样式，需要设置字体的大小、位置和超出部分省略，还需要设置图片的大小、位置，并设置白色区域进行图片的覆盖。部分代码 CORE0322 如下所示，设置样式后效果如图 3.24 所示。

```
代码 CORE0322  训练专区 wxss 代码
/* 最外层 view 宽高、背景颜色的设置 */
.main{
  height: 100%;
  width:100%;
  background-color: #efeff4;
}
/* 设置卡片效果 */
.bar{
  width: 100%;
  border-top: 3px solid #dddddd;
  z-index:10;
  position:fixed;
  left:0px;
  top:0px;
  box-shadow: 0px 0px 8px #b6b6ba;
}
/* 列表圆角设置 */
.items{
  height: 300rpx;
  width: 100%;
  background-color: #fff;
  border-radius: 0 5rpx 5rpx 0;
  box-shadow: 0px 0px 16px #b6b6ba;
  box-shadow: 0px 0px -16px #b6b6ba;
  margin-bottom: 30rpx;
}
/* 包裹文字块的样式 */
.wrap{
  width: 100%;
  height: 100%;
}
/* 文字部分位置 */
.left{
```

```css
    width: 40%;
    height: 100%;
    display: inline-block;
}
.wrap2{
    margin-left: 50rpx;
}
/* 文字样式 */
.l-t{
    font-size: 30rpx;
}
/* 文字超出部分省略 */
.l-b{
    width:300rpx;
    white-space:nowrap;
    text-overflow:ellipsis;
    -o-text-overflow:ellipsis;
    overflow: hidden;
}
/* 图片位置设置 */
.right{
    display: inline-block;
    height: 100%;
    width: 60%;
    float: right;
    /*float: right;*/
    -webkit-shape-outside: polygon(0 0, 100% 0, 100% 100%, 30% 100%);
    -webkit-clip-path: polygon(0 0, 100% 0, 100% 100%, 30% 100%);
    -webkit-shape-margin: 20px;
    -webkit-shape-outside: polygon(0 0, 100% 0, 100% 100%, 30% 100%);
    -webkit-clip-path: polygon(0 0, 100% 0, 100% 100%, 30% 100%);
    -webkit-shape-margin: 20px;
}
```

第三步：创建运动分类界面并进行配置。

第四步：进行训练专区页面跳转的添加，当点击列表时发生跳转，进入运动分类界面。部分代码如 CORE0323 所示。

图 3.24　训练专区设置样式后

代码 CORE0323　训练专区.js

```
Page({
 data: {
  arr: [
   {
    imgSrc: '../../images/12.jpg',
    text1: ' 大众体育 ',
    text2: ' 一些适合所有人群的体育活动 '
   },
   {
    imgSrc: '../../images/11.jpg',
    text1: ' 健美操 ',
    text2: ' 健美操是一种有氧运动特征是持续一定时间的,...'
   },
   {
    imgSrc: '../../images/22.jpg',
    text1: ' 大众体育 ',
    text2: ' 一些适合所有人群的体育活动 '
   },
```

```
      {
        imgSrc: '../../images/32.jpg',
         text1: ' 健美操 ',
         text2: ' 健美操是一种有氧运动特征是持续一定时间的,...'
       }
     ]
  },
  // 进行页面跳转
  bindxmfl:function(){
    wx.navigateTo({
      url: '../classes/classes',
    })
  },
  onLoad: function (options) {

  }
})
```

第五步:运动分类界面的制作。

运动分类界面主要是由上部的轮播图和下部的列表组成,代码如 CORE0324、CORE0325 所示,设置样式前效果如图 3.25 所示。

代码 CORE0324 运动分类 wxml

```
<!-- 轮播图制作 -->
<swiper class="banner" autoplay='true' bindtap='bindvl'>
  <block wx:for='{{arr}}'>
   <navigator url="{{item.imgurl}}">
    <swiper-item>
      <image class="swiper-item" src="{{item.imgSrc}}" mode="aspectFill"></image>
    </swiper-item>
   </navigator>
  </block>
</swiper>
<!-- 列表 -->
<view class="items" wx:for="{{arr}}" bindtap='bindvl'>
  <!-- 列表项的标题 -->
  <view class="top">{{item.text1}}</view>
  <view class="bottom">
```

```
    <view class="b-l">
      <image class="pic" src="{{item.imgSrc}}" mode="aspectFill"></image>
    </view>
    <view class="b-r">
      <!-- 文字信息 -->
      <text class="value">{{item.text2}}</text>
      <text class="description">{{item.text3}}</text>
    </view>
  </view>
</view>
```

代码 CORE0325　运动分类 js

```
Page({
  data: {
    arr:[
      {
        imgSrc:'../../images/11.jpg',
        imgUrl:'',
        text1:' 间歇跑 ',
        text2:' 价格 0 元 ',
        text3: ' 间歇跑 (intervals), 又叫变速跑, 通常是用高于实际比赛速配速的速度进行反复短距离的快跑, 当中配合放松跑或者走路来恢复。比如在半马训练中, 以 10K 比赛配速进行 8-12 个 400 米间歇跑, 每次配合 200 米的慢走或者慢跑。间歇跑能提高你长跑的效率和速度 '
      },
      {
        imgSrc: '../../images/12.jpg',
        imgUrl: '',
        text1: ' 放松跑 ',
        text2: ' 价格 0 元 ',
        text3: ' 放松跑 (easy run), 顾名思义, 是没有负担的跑步, 通常用于高强度训练之间, 让机能得到恢复 '
      },
      {
        imgSrc: '../../images/13.jpg',
        imgUrl: '',
        text1: ' 基础跑 ',
```

```
            text2: '价格 0 元',
        text3: '长且稳定的距离。可以理解为"耐力跑",不追求速度,主要是提升身体
的耐力,以跑完为最大的胜利。一般参加半马的选手'
        },
        {
        imgSrc: '../../images/22.jpg',
        imgUrl: '',
        text1: '长距离跑',
        text2: '价格 0 元',
         text3: 'LSD 起码要跑过 15 公里以上,全马需要 35 公里以上,这样才能比较有
保证安全完成比赛'
        }
        ]
        }
    })
```

图 3.25 运动分类界面设置样式前

设置运动分类界面的样式,需要设置轮播图的位置,轮播图图片的大小,列表中字体、图片的大小、位置。部分代码如 CORE0326 所示,设置样式后效果如图 3.26 所示。

代码 CORE0326 运动分类界面 wxss 代码

```css
/* 轮播图框的大小 */
.banner{
  width: 100%;
  height: 500rpx;
}
/* 轮播图图片大小 */
.swiper-item{
  width: 100%;
  height: 500rpx;
}
/* 列表的大小 */
.items{
  height: 300rpx;
  border-top: 1px solid #bbb;
  display: flex;
  flex-direction: column;
  justify-content: space-around;
}
/* 列表标题的位置 */
.top{
  margin-left: 15px;
  margin-top:20rpx;
}
/* 标题下方内容的框 */
.bottom{
  width: 100%;
  height: 250rpx;
  overflow: hidden;
  display: flex;
  align-items: center;
}
.b-l{
  width: 30%;
  height: 250rpx;
}
/* 列表图片的样式 */
.pic{
```

```
    width: 70%;
    height: 70%;
    margin-left: 30rpx;
    margin-top: 30rpx;
}
.b-r{
    width: 70%;
    float: right;
    overflow: hidden;
    display: flex;
    flex-direction: column;
    justify-content: space-around;
    height: 150rpx;
    margin-right: 20rpx;
}
/* 列表文字信息的样式 */
.value,.description{
    overflow: hidden;
    display: block;
}
.description{
    overflow: hidden;
    display: block;
    height: 50rpx;
    white-space:nowrap;
    text-overflow:ellipsis;
    -o-text-overflow:ellipsis;
}
```

图 3.26　运动分类界面设置样式后

第六步：创建视频列表界面并进行配置。

第七步：进行运动分类页面跳转的添加，当点击轮播图下方列表时发生跳转，进入视频列表界面。部分代码如 CORE0327 所示。

代码 CORE0327　运动分类 js

```
Page({
  data: {
    arr:[
      {
        imgSrc:'../../images/11.jpg',
        imgUrl:'',
        text1:' 间歇跑 ',
        text2:' 价格 0 元 ',
        text3:' 间歇跑 (intervals)，又叫变速跑，通常是用高于实际比赛速配速的速度进行反复短距离的快跑，当中配合放松跑或者走路来恢复。比如在半马训练中，以 10K 比赛配速进行 8-12 个 400 米间歇跑，每次配合 200 米的慢走或者慢跑。间歇跑能提高你长跑的效率和速度 '
      },
      {
        imgSrc: '../../images/12.jpg',
```

```
        imgUrl: '',
      text1: ' 放松跑 ',
      text2: ' 价格 0 元 ',
      text3: ' 放松跑 (easy run), 顾名思义, 是没有负担的跑步, 通常用于高强度训练之
间, 让机能得到恢复 '
    },
    {
      imgSrc: '../../images/13.jpg',
      imgUrl: '',
      text1: ' 基础跑 ',
      text2: ' 价格 0 元 ',
       text3: ' 长且稳定的距离。可以理解为"耐力跑", 不追求速度, 主要是提升身体
的耐力, 以跑完为最大的胜利。一般参加半马的选手 '
    },
    {
      imgSrc: '../../images/22.jpg',
      imgUrl: '',
      text1: ' 长距离跑 ',
      text2: ' 价格 0 元 ',
       text3: 'LSD 起码要跑过 15 公里以上, 全马需要 35 公里以上, 这样才能比较有
保证安全完成比赛 '
    }
    ]
  },
  // 跳转进入视频列表界面
  bindvl:function(){
    wx.navigateTo({
      url: '../videolist/videolist',
    })
  },
  onLoad: function (options) {
  }
}
```

第八步: 视频列表界面的制作。

视频列表界面主要由列表组成, 列表每一项的上部是小节, 下部是视频的图片、名称、价格等信息内容。代码 CORE0328、CORE0329 如下, 设置样式前效果如图 3.27 所示。

代码 CORE0328 视频列表 wxml

```xml
<!-- 列表 -->
<view class="items" wx:for="{{arr}}">
  <view class="top">
    <!-- 小节 -->
    <text>{{item.text1}}</text>
  </view>
  <view class="bottom">
    <view class="b-l">
    <!-- 视频图片 -->
      <image class="pic" src="{{item.imgSrc}}" mode="aspectFill"></image>
    </view>
    <view class="b-r">
      <!-- 视频名称 -->
      <text class="description">{{item.text2}}</text>
      <text class="description2">{{item.text2}}</text>
      <view class='b-b'>
        <text class="value">{{item.text3}}
        </text>
          <text class='play' bindtap='toPlay'> 播放 </text>
      </view>
    </view>
  </view>
</view>
```

代码 CORE0329 视频列表 js

```js
Page({
 data: {
  arr: [
    {
    text1:' 第 1 小节 ',
    text2:' 托马斯全旋第一节 ',
    text3:' 价格：0.01 元 ',
    imgSrc:'../../images/31.jpg'
    },
    {
     text1:' 第 2 小节 ',
```

```
      text2:'托马斯全旋第二节',
      text3:'价格:0.01元',
      imgSrc:'../../images/11.jpg'
    },
    {
      text1:'第3小节',
      text2:'托马斯全旋第二节',
      text3:'价格:0.01元',
      imgSrc:'../../images/13.jpg'
    },
    {
      text1:'第1小节',
      text2:'托马斯全旋第一节',
      text3:'价格:0.01元',
      imgSrc:'../../images/31.jpg'
    },
    {
      text1:'第2小节',
      text2:'托马斯全旋第二节',
      text3:'价格:0.01元',
      imgSrc:'../../images/11.jpg'
    },
    {
      text1:'第3小节',
      text2:'托马斯全旋第二节',
      text3:'价格:0.01元',
      imgSrc:'../../images/13.jpg'
    }
  ],
 }
})
```

图 3.27 视频列表界面设置样式前

设置视频列表界面的样式,需要设置视频列表的大小,小节内容的位置,文字、图片的大小和位置。部分代码如 CORE0330 所示,设置样式后效果如图 3.28 所示。

代码 CORE0330 视频列表界面 wxss 代码

```
page{
  background-color: #efeff4;
}
/* 图片样式 */
.swiper-item{
  width: 100%;
  height: 500rpx;
}
/* 列表样式 */
.items{
  height: 300rpx;
  border-top: 1px solid #ddd;
  border-bottom: 1px solid #ddd;
  display: flex;
  flex-direction: column;
  justify-content: space-around;
```

```
  margin-bottom: 30rpx;
  background-color: #fff;
  box-shadow: 0 0 15rpx #ddd;
}
/* 小节文字的位置 */
.top{
  padding-left: 15px;
  border-bottom: 1px solid #bbb;
  display: flex;
  align-items: center;
  height: 100rpx;
}
/* 小节下方内容的位置 */
.bottom{
  width: 100%;
  height: 250rpx;
  overflow: hidden;
  display: flex;
  align-items: center;
}
.b-l{
  width: 30%;
  height: 250rpx;
  margin-top: 20rpx;
}
/* 图片的大小 */
.pic{
  width: 70%;
  height: 70%;
  margin-left: 30rpx;
  margin-top: 30rpx;
}
/* 文字内容的位置 */
.b-r{
  width: 70%;
  float: right;
  overflow: hidden;
  display: flex;
```

```
  flex-direction: column;
  justify-content: space-around;
  height: 150rpx;
  margin-right: 20rpx;
}
.value,.description{
  overflow: hidden;
  display: block;
}
/* 文字样式设置 */
.description{
  overflow: hidden;
  display: block;
  height: 50rpx;
  white-space:nowrap;
  text-overflow:ellipsis;
  -o-text-overflow:ellipsis;
}
.description2,.value{
  font-size: 26rpx;
}
.b-b{
  display: flex;
  flex-direction: row;
}
/* 播放按钮的样式 */
.play{
  margin-left: 60rpx;
  display: block;
  color: #0a9dc7;
}
```

图 3.28 视频列表界面设置样式后

第九步：创建视频播放界面并进行配置。

第十步：进行视频列表页面跳转的添加，当点击列表中显示播放文字的按钮时发生跳转，进入视频播放界面。部分代码如 CORE0331 所示。

```
代码 CORE0331 视频列表 js
Page({
  data: {
    arr: [
      {
        text1:' 第 1 小节 ',
        text2:' 托马斯全旋第一节 ',
        text3:' 价格：0.01 元 ',
        imgSrc:'../../images/31.jpg'
      },
      {
        text1:' 第 2 小节 ',
        text2:' 托马斯全旋第二节 ',
        text3:' 价格：0.01 元 ',
        imgSrc: '../../images/11.jpg'
      },
```

```
      {
        text1: ' 第 3 小节 ',
        text2: ' 托马斯全旋第二节 ',
        text3: ' 价格：0.01 元 ',
        imgSrc: '../../images/13.jpg'
      },
      {
        text1: ' 第 1 小节 ',
        text2: ' 托马斯全旋第一节 ',
        text3: ' 价格：0.01 元 ',
        imgSrc: '../../images/31.jpg'
      },
      {
        text1: ' 第 2 小节 ',
        text2: ' 托马斯全旋第二节 ',
        text3: ' 价格：0.01 元 ',
        imgSrc: '../../images/11.jpg'
      },
      {
        text1: ' 第 3 小节 ',
        text2: ' 托马斯全旋第二节 ',
        text3: ' 价格：0.01 元 ',
        imgSrc: '../../images/13.jpg'
      }
    ],
  },
  toPlay:function(){
    wx.navigateTo({
      url: '../video/video',
    })
  },
  onLoad: function (options) {
  }
})
```

第十一步：视频播放界面的制作。

视频播放界面主要由上部的视频组件（video）和下部的视频介绍组成。代码 CORE0332、CORE0333 如下，设置样式前效果如图 3.29 所示。

代码 CORE0332 视频播放 wxml

```xml
<!-- 视频组件 -->
<view class='myVideo'>
  <video id="myVideo" src="{{url}}"
      binderror="videoErrorCallback" danmu-list="{{danmuList}}" enable-danmu danmu-btn controls></video>
</view>
<!-- 视频介绍 -->
<view class='bottom'>
  <view class='b-t'>{{title}}</view>
  <view class='description'>
    <view wx:for='{{arr}}'>
      <view class='text1'>{{item.text1}}</view>
      <view class='text2'>{{item.text2}}</view>
    </view>
  </view>
</view>
```

代码 CORE0333 视频播放 js

```js
Page({
  data: {
    title: ' 托马斯全旋第一节 ',
    arr: [
      {
        text1: ' 注意：',
        text2: ' 幅度不要过大，注意放松以及每个部位的配合时间不宜过长，间歇运动才最适合 ',
        imgSrc: '../../images/31.jpg'
      },
      {
        text1: ' 力度：',
        text2: ' 力度上需要中等力量 ',
        imgSrc: '../../images/11.jpg'
      },
      {
        text1: ' 感受：',
        text2: ' 小臂和腰部会有疲惫感 ',
```

```
            imgSrc: '../../images/13.jpg'
       },
    ],
    url:"http://vodtestdemoout.oss-cn-beijing.aliyuncs.com/vodtestdemo/5a5871576fca4ff-
c9df9996df6259906/act-sd-mp4-sd/连续托马斯全旋.mp4"
    },
    onLoad: function (options) {
    }
})
```

图 3.29　视频播放界面设置样式前

设置视频播放界面的样式,需要设置视频组件的大小、位置,设置视频介绍和注意事项等文字部分的字体大小、字体位置。部分代码如 CORE0334 所示,设置样式后效果如图 3.30 所示。

代码 CORE0334　视频列表界面 wxss 代码

```
/* 背景颜色 */
page{
 background-color: #696969;
}
/* 视频组件样式 */
```

```css
#myVideo{
  width: 100%;
  margin: 0rpx auto;
}
/* 视频内容区域样式 */
.bottom{
  width: 100%;
  height: 600rpx;
  color: #fff;
  margin-top: 50rpx;
}
/* 视频名称样式 */
.b-t{
  margin-left: 60rpx;
  font-size: 50rpx;
}
/* 注意事项介绍样式 */
.description{
  width: 90%;
  height: 600rpx;
  margin: 20rpx auto;
  border-top: 2px solid #fff;
  padding-top: 50rpx;
}
/* 注意内容样式 */
.text1{
  color: #a8a8a8;
  font-size: 40rpx;
}
.text2{
  margin-left: 70rpx;
}
```

图 3.30 视频播放界面设置样式后

至此，KeepFit 健身训练专区模块制作完成。

本项目通过实现 KeepFit 健身训练专区，能够掌握小程序基本组件的使用、数据绑定相关事件的用法和导航的制作，并能够通过所学的组件及视频组件做出 KeepFit 健身训练专区的效果。

icon	图标
info	信息
warn	警告
space	空间
selectable	可选择的
decode	解码
progress	进度条
navigator	导航
redirect	重定向

一、选择题

1. 微信小程序自带的 icon 组件可以设置的属性不包括（　　）。
   A. 图标颜色　　　　　　B. 图标大小　　　　　　C. 图标类型　　　　　　D. 图标边框
2. 下面哪一个是导航组件（　　）。
   A.icon　　　　　　　　B.navigator　　　　　　C.view　　　　　　　　D.text
3. 以下哪个不是导航事件方法（　　）。
   A.wx.navigateTo　　　　　　　　　　　　　　　B.wx.redirectTo
   C.wx.switchTab　　　　　　　　　　　　　　　D.wx.connectSocket
4. 微信小程序中导入样式的方式为（　　）。
   A. 使用 link 标签导入　　　　　　　　　　　　B.@import " 路径 "
   C.@include " 路径 "　　　　　　　　　　　　　D.import " 路径 "
5. 下面微信小程序中的选择器使用错误的是（　　）。
   A. class{ }　　　　　　　　　　　　　　　　　B.#id{ }
   C. 标签 { }　　　　　　　　　　　　　　　　　D. 标签 :after{ }

二、填空题

1. 进行页面之间的跳转的方法有在 .wxml 文件中添加 _____ 和在 .js 文件中添加 _____。
2. 数据绑定的方法是使用 _____ 语法。
3. progress 组件用于在视图中添加 _____。
4. 在使用 navigator 组件时若要改变页面跳转方式,只需修改 _____ 属性。
5. 小程序扩充了新的尺寸单位 _____,其在不同设备上的比例 _____。

三、上机题

使用微信开发者工具编写符合以下要求的页面。

要求:使用 icon 组件、导航事件、progress 组件等知识实现以下效果:当点击跳转后从左边的页面跳转到右边的页面。

 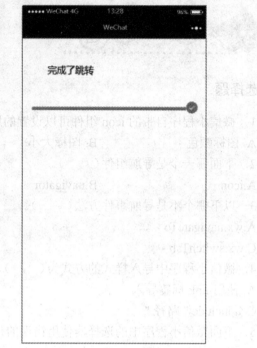

项目四　KeepFit 健身音乐专区模块

通过实现 KeepFit 健身音乐模块，了解微信小程序媒体组件在音乐专区模块的应用，学习小程序中页面渲染、引入其他样式文件、媒体组件及相关的页面事件的相关知识，掌握小程序中媒体组件的具体应用，具有使用本项目所学知识制作出相关的媒体组件界面的能力。在任务实现过程中：

- 了解小程序媒体组件应用范围。
- 掌握小程序页面渲染的方式。
- 掌握小程序媒体组件。
- 具有制作出音频、视频界面的能力。

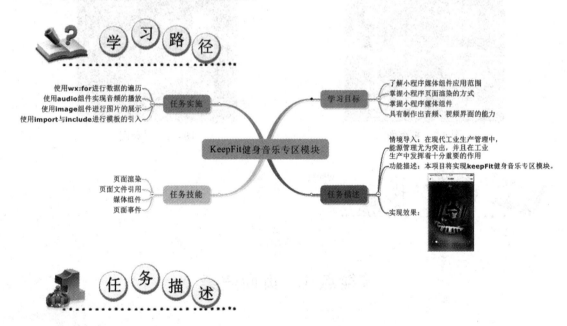

【情境导入】

常听音乐可以使人消除工作紧张、减轻生活压力，Pierre 觉得这也是一种不错的休息放松方式，因此，经团队讨论，为 KeepFit 健身添加了音乐专区。在这里，用户可以选择适合自己健身项目的音乐，一边听音乐，一边做练习。当练习完毕后，也可选择舒缓的音乐进行身心放松。

本项目主要通过 KeepFit 健身音乐专区来学习微信小程序的页面渲染与媒体组件。

【功能描述】

本项目将实现 KeepFit 健身音乐模块：
- 使用 wx:for 进行数据的遍历。
- 使用 audio 组件实现音频的播放。
- 使用 image 组件进行图片的展示。
- 使用 import 与 include 进行模板的引入。

【基本框架】

基本框架如图 4.1 所示。通过本项目的学习，能将框架图 4.1 转换成 KeepFit 音乐播放及音乐列表界面，效果如图 4.2 所示。

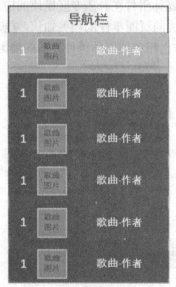 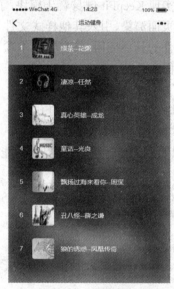

图 4.1　框架图　　　　　　　　　　图 4.2　效果图

技能点 1　页面渲染

1　列表渲染

（1）wx:for 的使用

在微信小程序中若要实现类似于 HTML 中 li 标签的列表效果，可以在组件上使用 wx:for

控制属性对列表进行渲染，双大括号中绑定的是一个数组，数组中每一项的下标默认为 index，数组的每一项默认为 item。在项目开发过程中，wx:for 有两种使用方式，分别是：

第一种：直接使用。

```
代码 CORE0401  index.wxml
<view wx:for='{{arr}}'>
  {{index}}:{{item}}
</view>
```

第二种：通过 wx:for-item 指定数组当前元素的变量名，wx:for-index 指定数组当前下标的变量名。

```
代码 CORE0402  index.wxml
<view wx:for='{{arr}}' wx:for-index='in' wx:for-item='it'>
  {{in}}:{{it}}
</view>
```

使用 wx:for 进行列表渲染效果如图 4.3 所示

图 4.3　渲染效果图

为了实现图 4.3 的效果，代码如 CORE0403、CORE0404 所示。

```
代码 CORE0403  index.wxml
<view wx:for='{{arr}}'>
  {{index}}:{{item}}
</view>
```

```
代码 CORE0404  index.js
Page({
  data: {
    arr:[
      'name1','name2','name3','name4','name5'
    ]
  }
})
```

（2）wx:key 的使用

wx:key 是用来指定列表中项目的唯一标识符，也就是说添加了 wx:key 属性的列表项会保持自身的特征和状态而不受项目位置变动的影响。自身的特征和状态可以理解为 input 标签中的输入内容，checkbox 标签的选中状态，switch 标签的选中状态等。

wx:key 的值以两种形式提供，分别是：

第一种：字符串。

```
<view wx:for='{{arr}}' wx:key='name'>
```

name 表示 arr 中每一项的一个属性，该属性的值需要是列表中唯一的字符串或数字，且不能动态改变。

第二种：*this。

```
<view wx:for='{{arr2}}' wx:key='*this'>
```

*this 代表在 for 循环中的 item 本身，需要 item 本身是一个唯一的字符串或者数字。

使用 wx:key 实现效果如图 4.4 所示。

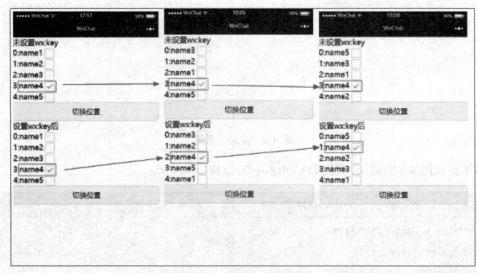

图 4.4　wx:key 效果图

为了实现图 4.4 的效果，代码如 CORE0405、CORE0406 所示。

代码 CORE0405　index.wxml

```html
<!-- 该代码为没有设置 wx:key 属性 -->
<view> 未设置 wx:key</view>
<view wx:for='{{arr}}'>
  {{index}}:{{item}}
  <checkbox></checkbox>
</view>
<button bindtap='exchange'> 切换位置 </button>
<!-- 该代码设置 wx:key='name'-->
<view> 设置 wx:key 后 </view>
<view wx:for='{{arr2}}' wx:key='*this'>
  {{index}}:{{item}}
  <checkbox></checkbox>
</view>
<button bindtap='exchange2'> 切换位置 </button>
```

.js 中代码如 CORE0406 所示。

代码 CORE0406　index.js

```js
// pages/4.1/4.1.js
Page({
  data: {
    arr: [
      'name1', 'name2', 'name3', 'name4', 'name5'
    ],
    arr2: [
      'name1', 'name2', 'name3', 'name4', 'name5'
    ]
  },
  exchange: function (e) {
    var num = Math.floor(Math.random() * this.data.arr.length);
    var num2 = Math.floor(Math.random() * this.data.arr.length);
var temp = this.data.arr[num];
// 从数组中随机选取一项
    this.data.arr[num] = this.data.arr[num2];
this.data.arr[num2] = temp;
```

```
    // 再数组中随机选取一项,并将两项调换位置
    this.setData({ arr: this.data.arr })
    // 调换位置后的新数组替换原来的数组
    },
    exchange2: function (e) {
      var num = Math.floor(Math.random() * this.data.arr2.length);
      var num2 = Math.floor(Math.random() * this.data.arr2.length);
      var temp = this.data.arr2[num];
      this.data.arr2[num] = this.data.arr2[num2];
      this.data.arr2[num2] = temp;
      this.setData({ arr2: this.data.arr2 })
    }
})
```

2　条件渲染

在微信小程序中使用 wx:if 来决定是否渲染某个组件,若要渲染多个组件,可以使用一个标签将这些组件包裹起来并在这个标签上使用 wx:if,双大括号中的值为 true 时表示组件会被渲染,反之则不会。也可以通过 wx:elif 和 wx:else 再渲染 else 块。

使用 wx:if 的效果如图 4.5 所示。

图 4.5　wx:if 效果图

为了实现图 4.5 的效果，代码如 CORE0407、CORE0408 所示。

代码 CORE0407　index.wxml

```
<!-- 关于 wx:if、wx:elif、wx:else 的使用 -->
<view wx:if="{{num > 5}}"> 我是大于 5 的数 </view>
<view wx:elif="{{num > 2}}"> 我是 2~5 之间的数 </view>
<view wx:else> 我是小于 2 的数 </view>
<!-- wx:if 作用于代码块 -->
<block wx:if="{{condition}}">
<!-- condition 为 true 时表示渲染该代码块，否则不渲染 -->
  <view> 我被渲染了 </view>
  <view> 我被渲染了 </view>
</block>
<block wx:if="{{!condition}}">
  <view> 我没被渲染 </view>
  <view> 我没被渲染 </view>
</block>
```

可以在 .js 中添加 num 和 condition。

代码 CORE0408　index.js

```
Page({
  data: {
    num: 3,
    condition:true
  }
})
```

快来扫一扫！

提示：你是否还在雄心壮志？怀才不遇？满腹牢骚？扫描二维码，了解蚯蚓目标轨迹，看看它的壮志凌云！

技能点 2　页面文件引用

1　模板

模板相当于一段自己定义的代码片段。定义模板的方法是用 template 标签将代码片段包裹起来，并在 template 标签上添加 name 属性，其使用方法是写一个 template 标签并添加 is 属性，is 属性的值为相对应的模板的 name 值，使用模板的时候如果需要传入数据就要在 template 标签上添加 data 属性。

在同一文件下可以直接使用模板而不需要 import，下面的例子在 template.wxml 中定义并引用了 name 为 article 的模板，实现的效果如图 4.6 所示。

图 4.6　模板效果图

为了实现图 4.6 的效果，代码如 CORE0409 所示。

```
代码 CORE0409　template.wxml
<!-- 这是模板 -->
<template name='artical'>
  <view class='title' style='font-size:60rpx;text-align:center'>标题：{{title}}</view>
  <text> 内容：{{content}}</text>
</template>
```

```
<!-- 使用模板并添加数据 -->
<template is='artical' data='{{title:"hello",content:"nihao"}}'></template>
```

2 import 与 include

import 的作用是用来在当前文件调用目标文件的模板，include 的作用是在当前文件引用目标文件模板之外的内容,下面的例子中在 template.wxml 文件中定义了模板,并使用 import 标签和 include 标签在 index 页面中引入目标文件（带不带 .wxml 均可）,实现效果如下图 4.7 所示。

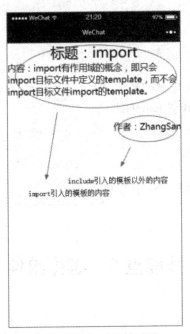

图 4.7 模板引入效果图

为了实现图 4.7 的效果,代码如 CORE0410、CORE0411、CORE0412 所示。

代码 CORE0410 template.wxml

```
<!-- 这是模板 -->
<template name='artical'>
  <view class='title' style='font-size:60rpx;text-align:center'> 标题：{{title}}</view>
  <text> 内容：{{content}}</text>
</template>
<!-- 这是其他内容 -->
<view class='footer' style='float:right;margin-top:100rpx'> 作者：{{author}}</view>
```

代码 CORE0411 index.wxml

```
<import src='../template/template.wxml' />
```

```
<!-- 也可以写成 <import src='../template/template' /> -->
<template is='artical' data='{{...item}}'></template>
<include src='../template/template'></include>
<!-- 也可以写成 <include src='../template/template.wxml'></include> -->
```

注：item 前面的"..."表示将 item 展开，获取到里面的内容。

代码 CORE0412 index.js
```
Page({
  data: {
    item:{
      title:'import',
      content:'import 有作用域的概念，即只会 import 目标文件中定义的 template，而不会 import 目标文件 import 的 template。',
    },
    author:'ZhangSan'
  }
})
```

技能点 3　媒体组件

1　image

在微信小程序项目中，使用 image 组件将图片文件呈现给用户，给用户视觉上的享受。image 组件用来加载（本地、网络）图片，操作图片并进行展示。image 不同于 HTML 中的 img 标签，它是对标签，成对出现使用。image 组件有多种属性对图片进行操作和展示，image 组件属性如表 4.1 所示。

表 4.1　image 组件属性

属性	描述
src	图片路径
mode	操作图片（裁剪、缩放）
lazy-load	图片懒加载
binderror	发生错误时触发
bindload	图片加载完成时触发

提示：image 组件进行图片展示时，图片高度默认为 225px，宽度为 300px。
其中 mode 属性有多个属性值用来对图片进行操作，属性值如表 4.2 所示。

表 4.2 mode 属性值

属性值	描述
scaleToFill	图片不保持比例进行缩放，使图片填满 image 元素
aspectFit	图片保持比例进行缩放，能完整的展示图片，可能出现空白区域不被填充
aspectFill	图片保持比例进行缩放，image 元素可以被填满，但图片不一定能完整的显示
widthFix	宽度一定，图片保持比例不变，高度进行变化
top	进行裁剪，显示图片的顶部区域
bottom	进行裁剪，显示图片的底部区域
center	进行裁剪，显示图片的中间区域
left	进行裁剪，显示图片的左边区域
right	进行裁剪，显示图片的右边区域
top left	进行裁剪，显示图片的左上角区域
top right	进行裁剪，显示图片的右上角区域
bottom left	进行裁剪，显示图片的左下角区域
bottom right	进行裁剪，显示图片的右下角区域

使用 image 组件的效果如图 4.8 所示。

图 4.8　image 组件效果图

为了实现图 4.8 的效果，代码如 CORE0413、CORE0414 所示。

代码 CORE0413　index.wxml

```
<view>
```

```
    <view wx:for="{{array}}" wx:for-item="item">
      <view>{{item.content}}</view>
      <view>
              <image style="width:200px; height: 200px; background-color: #ccc;" mode="{{item.mode}}" src="{{src}}"></image>
      </view>
    </view>
  </view>
```

代码 CORE0414 index.js

```
Page({
  data: {
    array: [{
      mode: 'scaleToFill',
      content: 'scaleToFill'
    }, {
      mode: 'aspectFit',
      content: 'aspectFit'
    }, {
      mode: 'aspectFill',
      content: 'aspectFill'
    }, {
      mode: 'top',
      content: 'top'
    }, {
      mode: 'center',
      content: 'center'
    },{
      mode: 'top left',
      content: 'top left'
    }],
    src: 'http://img1.imgtn.bdimg.com/it/u=3928600637,2711026008&fm=27&gp=0.jpg'
  }
})
```

2 audio

audio 组件主要用于音频文件的操作，比如播放、暂停等，它是一个对标签，成对出现，

audio 有自己定义的样式，在小程序开发过程中，可以直接使用该标签，不需要进行额外的美化工作，给开发者的开发提供便利、提高效率。audio 组件提供多种属性操作音频，audio 组件属性如表 4.3 所示。

表 4.3 audio 组件属性

属性	描述
id	标识符，通过 id 值获取当前音频
src	音频路径
loop	设置循环，默认为 false
controls	设置显示／隐藏当前控件
poster	音频封面的路径
name	音频名称
author	音频作者名称
binderror	音频播放发生错误时触发
bindplay	音频播放时触发
bindpause	音频暂停时触发
bindtimeupdate	进度条改变时触发
bindended	播放完毕时触发

使用 audio 组件的效果如图 4.9 所示。

图 4.9 audio 组件效果图

为了实现图 4.9 的效果，代码如 CORE0415、CORE0416 所示。

代码 CORE0415　index.wxml

```html
<audio poster="{{poster}}" name="{{name}}" author="{{author}}" src="{{src}}" id="myaudio" controls loop></audio>
    <button bindtap="audioplay"> 播放 </button>
    <button bindtap="audiopause"> 暂停 </button>
    <button bindtap="audioset"> 设置时间 </button>
    <button bindtap="audiostart"> 重新播放 </button>
```

代码 CORE0416　index.js

```js
Page({
  onReady: function (e) {
    // 使用 wx.createAudioContext 获取 audio 上下文 context
    this.audioCtx = wx.createAudioContext('myaudio')
  },
  data: {
    poster: 'http://y.gtimg.cn/music/photo_new/T002R300x300M000003rsKF44GyaSk.jpg?max_age=2592000',
    name: ' 此时此刻 ',
    author: ' 许巍 ',
    src: 'http://ws.stream.qqmusic.qq.com/M500001VfvsJ21xFqb.mp3?guid=ffffffff82def4af4b12b3cd9337d5e7&uin=346897220&vkey=6292F51E1E384E06DCBDC9AB7C49FD713D632D313AC4858BACB8DDD29067D3C601481D36E62053BF8DFEAF74C0A5CCFADD6471160CAF3E6A&fromtag=46',
  },
  audioplay: function () {
    this.audioCtx.play()
  },
  audiopause: function () {
    this.audioCtx.pause()
  },
  audioset: function () {
    this.audioCtx.seek(14)
  },
  audiostart: function () {
    this.audioCtx.seek(0)
  }
})
```

3 video

video 组件用来控制视频文件的播放暂停，与 HTML 中的 video 元素大体相同，却比 HTML 中的 video 元素的属性多出不少，比如增加弹幕列表、触发事件等。video 组件属性如表 4.4 所示。

表 4.4 video 组件属性

属性	描述
duration	当前视频的总时长
src	视频路径
controls	设置显示/隐藏当前控件
danmu-list	弹幕读取列表
danmu-btn	弹幕按钮
enable-danmu	开启/关闭弹幕
autoplay	自动播放
loop	循环播放
muted	静音播放
bindplay	视频开始是触发的事件
bindpause	视频暂停时触发的事件
bindended	视频结束时触发的事件
bindtimeupdate	进度条发生改变触发的事件
bindfullscreenchange	全屏切换时触发的事件
objectFit	当视频大小与 video 容器大小不一致时，视频的表现形式。contain：包含，fill：填充，cover：覆盖
poster	视频封面的图片路径

提示：video 组件高度默认为 225px，宽度为 300px，可自己进行设置。

使用 video 组件的效果如图 4.10 所示。

为了实现图 4.10 的效果，代码如 CORE0417、CORE0418 所示。

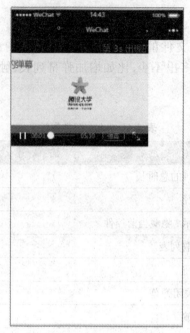

图 4.10 video 组件效果图

代码 CORE0417 index.wxml

```
<view>
 <video id="myvideo" src="http://wxsnsdy.tc.qq.com/105/20210/snsdyvideodownload?filekey=30280201010421301f0201690402534804102ca905ce620b1241b726bc41d-cff44e00204012882540400&bizid=1023&hy=SH&filepa-ram=302c02010104253023020413 6ffd93020457e3c4ff02024ef202031e8d7f02030f42400204045a320a0201000400" danmu-list="{{danmuList}}" enable-danmu danmu-btn controls></video>
</view>
```

代码 CORE0418 index.js

```
Page({
 onReady: function (res) {
   this.videoContext = wx.createVideoContext('myvideo')
 },
 inputValue: '',
 data: {
   src: '',
   danmuList: [
```

```
    {
      text: ' 第 1s 出现的弹幕 ',
      color: '#ff0000',
      time: 1
    },
    {
      text: ' 第 3s 出现的弹幕 ',
      color: '#ff00ff',
      time: 3
    }]
  }
})
```

技能点 4　页面事件

在使用小程序开发项目时除了需要合理的布局及优美的样式外,最重要的一点还需要给项目添加相应的事件。微信小程序中的事件和 JavaScript 事件一样,比如点击事件、触摸事件等。事件是连接视图层和逻辑层的通道,是页面之间进行交互的工具,是数据进行处理的场所,还可以对函数进行相关处理并携带信息用于数据交互。

1　冒泡事件

事件由触发这个事件的节点向该节点的父节点进行传递,从里到外,直到到达该节点的最外层节点结束。冒泡事件有多种事件类型,通过不同的事件类型可以实现多种效果,事件的类型如下表所示,其中通过 "bind" 或 "catch" 与事件类型相结合可以实现元素的事件绑定,格式:"bind/catch+ 事件类型"。其中 bind 事件不会阻止事件冒泡,catch 可以阻止事件冒泡。

表 4.5　事件类型

类　　型	描　　述
touchstart	触摸开始
touchmove	触摸移动（手指不能离开屏幕）
touchcancel	打断触摸（如:弹出窗口）
touchend	触摸结束
tap	触摸点击
longpress	长按触摸（优先级高于 tap）
longtap	长按触摸

冒泡事件实现的效果如图所示,其中点击前效果如图 4.11 所示,当我们点击图中红色区域时,黄色区域点击事件(catch 事件)也将被触发,但不会触发蓝色区域的点击事件,如图 4.12 所示,当我们点击图中黄色区域时,由于 catch 事件的作用,只有黄色区域点击事件被触发,如图 4.13 所示,当点击图中蓝色区域时,由于它是最外层节点,不能再向上冒泡,所以只有蓝色区域点击事件被触发,效果如图 4.14 所示。

图 4.11　点击前效果图

图 4.12　点击红色区域

图 4.13　点击黄色区域

图 4.14　点击蓝色区域

为了实现图 4.11 至图 4.14 的效果，代码如 CORE0419、CORE0420 所示。

代码 CORE0419 index.wxml

```html
<view style='background: blue;padding: 10px;margin: 10px;text-align: center;' bindtap="bindtap1">
  outer(触发次数：{{num1}})
    <view style='background:yellow;padding:10px;margin:10px;text-align: center;' catchtap="bindtap2">
    middle(触发次数：{{num2}})
      <view style='background:red;padding:10px;margin:10px;text-align: center;' bindtap="bindtap3">
      inner(触发次数：{{num3}})
      </view>
    </view>
</view>
```

代码 CORE0420 index.js

```js
Page({
  data: {
    num1:0,
    num2:0,
    num3:0
  },
  bindtap1: function () {
    console.log('bindtap1 被触发')
    var that=this;
    var nownum = that.data.num1+1;
    console.log(nownum)
    that.setData({
      num1: nownum
    })
  },
  bindtap2: function () {
    console.log('bindtap2 被触发')
    var that = this;
    var nownum = that.data.num2 + 1;
    console.log(nownum)
    that.setData({
```

```
      num2: nownum
    })
  },
  bindtap3: function () {
    console.log('bindtap3 被触发 ')
    var that = this;
    var nownum = that.data.num3 + 1;
    console.log(nownum)
    that.setData({
      num3: nownum
    })
  },
  onLoad: function () {
    console.log('onLoad')
  }
})
```

提示：当你了解了冒泡事件之后，是否想要了解更多的关于冒泡事件的知识？扫描二维码，会有意想不到的惊喜！

2 捕获事件

捕获事件与冒泡事件的事件类型大致相同，不同的是冒泡事件使用的 bind 和 catch 事件，捕获事件使用的 capture-bind 和 capture-catch 事件。其中 capture-bind 不会对捕获事件进行阻止，capture-catch 会阻止捕获事件的进行。另外捕获事件执行时，只执行当前事件的函数，当前事件以外的不进行执行。

执行捕获事件初始化效果如图 4.15，当点击图中蓝色区域时，捕获事件执行，只执行当前点击事件，效果如图 4.16 所示，当点击图中红色区域后，先捕获事件被执行（函数方法不被执行），之后在通过冒泡事件进函数方法的执行，效果如图 4.17 所示。

项目四　KeepFit 健身音乐专区模块

图 4.15　点击前效果图

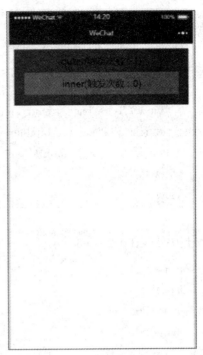

图 4.16　点击蓝色区域

图 4.17　点击红色区域

为了实现图 4.15 至图 4.17 的效果，代码如 CORE0421、CORE0422 所示。

代码 CORE0421 index.wxml

```xml
<view style='background: blue;padding: 10px;margin: 10px;text-align: center;' bind:tap="touchstart3" capture-bind:tap="touchstart1">
    outer( 触发次数：{{num1}})
    <view style='background: red;padding: 10px;margin: 10px;text-align: center;' bind:tap="touchstart4" capture-bind:tap="touchstart2">
      inner( 触发次数：{{num2}})
    </view>
</view>
```

代码 CORE0422 index.js

```js
Page({
  data: {
    num1: 0,
    num2: 0
  },
  // 事件处理函数
  touchstart1: function () {
    console.log('touchstart1 被触发 ')
    var that = this;
    var nownum = that.data.num1 + 1;
    console.log(nownum)
    that.setData({
      num1: nownum
    })
  },
  touchstart2: function () {
    console.log('touchstart2 被触发 ')
    var that = this;
    var nownum = that.data.num2 + 1;
    console.log(nownum)
    that.setData({
      num2: nownum
    })
  },
  touchstart3: function () {
    console.log('touchstart3 被触发 ')
```

```
        },
        touchstart4: function () {
          console.log('touchstart4 被触发 ')
        },
        onLoad: function () {
          console.log('onLoad')
        }
    })
```

通过下面三个步骤的操作,实现图 4.2 所示的 KeepFit 健身音乐模块界面及所对应的功能。

第一步:创建音乐专区界面并配置(由于第二章已经创建过了,这里就不再进行创建)。

第二步:音乐专区界面的制作。

音乐专区主要是由音乐列表和音乐播放界面组成,代码如 CORE0423、CORE0424 所示,设置样式前效果如图 4.18 所示。

代码 CORE0423 音乐专区 wxml

```
<view class="singcontainer">
  <!-- 第一层:背景图背景图,高斯模糊 -->
  <view class="bg">
  <image class="poster" mode="scaleToFill"
  src="{{audioList[audioIndex].img}}"></image>
  </view>
  <!-- 第二层:灰色蒙层 -->
  <view class="bg-gray">
  </view>
  <!-- 第三层:player 层 -->
  <view style="display: {{listShow === true ? 'none' :
  ''}};position:absolute;z-index:2;width:100%;height:100%;top:0;">
    <!-- 旋转图 -->
    <view class="rotate-disk-container">
        <view class="rotate-disk {{pauseStatus === false ? 'rotate-360' : 'rotate-360-paused'}}">
        <image class="poster" src="{{audioList[audioIndex].img}}"></image>
```

```
        </view>
      </view>
    <!-- 操作 -->
    <view class="title-container">
      <view class="title-left"></view>
      <view class="text">
        <view><text class="name">{{audioList[audioIndex].name}}</text></view>
        <!--<view><text class="author">-- {{audioList[audioIndex].author}} --</text></view>-->
      </view>
        <image src="../../images/list.png" class="icon-list" bindtap="bindTapList"></image>
    </view>
    <!-- <view class="operation-container">
        <image src="../../images/list.png" class="icon-list" bindtap="bindTapList"></image>
    </view> -->
    <view class="slider-container">
      <text class="slider-time">{{currentPosition}}</text>
      <slider
        value="{{sliderValue}}"
        bindchange="bindSliderchange"
        activeColor="#13beec"
        style="width: 62%;margin: 0;"
      />
      <text class="slider-time">{{duration}}</text>
    </view>
    <view class="operation-container">
      <image src="../../images/prev.png" class="icon-prev" bindtap="bindTapPrev"></image>
      <image
        src="{{pauseStatus === false ? '../../images/pause.png' : '../../images/play.png'}}"
        class="icon-play" bindtap="bindTapPlay"
      >
      </image>
      <image src="../../images/next.png" class="icon-next" bindtap="bindTapNext"></image>
    </view>
```

```
    </view>
    <!-- 第五层：列表页 -->
    <scroll-view
      class="list"
  scroll-y style="display: {{listShow === true ? '' :
  'none'}};position:absolute;z-index:3;width:100%;height:100%;top:0;"
      scroll-top="{{audioIndex * 68}}"
    >
    <view wx:for="{{audioList}}" wx:key="{{index}}">
      <view
        id="{{index}}"
        class="list-one {{index === audioIndex ? 'list-one-choose' : ''}}"
        hover-class="list-one-choose"
        bindtap="bindTapChoose"
      >
       <view class="name">
        <text class="list-index">{{index+1}}</text>
       </view>
       <image class="list-one-poster" src="{{item.img}}"></image>
       <view class="list-one-right">
         <view class="name">{{item.name}}--{{item.author}}</view>
         <!--<view class="author"> 歌手：{{item.author}}</view>-->
       </view>
      </view>
     </view>
    </scroll-view>
   </view>
```

代码 CORE0424 音乐专区 js

```
Page({
  data: {
    audioList: [
      {
              src:    'http://vodmp3domeout.oss-cn-beijing.aliyuncs.com/demoout128/
c6f3e184801a48f681a8857bfada555a/transcode_1490963662584/f62b36096d15d00c2ca7e-
a5ef6b7a46f.mp3',
        img: 'http://119.29.82.34:8090/FHMYSQL/images/music1.jpg',
```

```
        name: '绿茶',
        author: '花粥'
    }, {
                src:    'http://so1.111ttt.com:8282/2017/1/05m/09/298092040183.m4a?t-flag=1504668781&pin=acafdf33e9236446b5b0dae889640f7d&ip=221.197.170.94#.mp3',
        img: 'http://119.29.82.34:8090/FHMYSQL/images/music4.jpg',
        name: '凄凉',
        author: '任然'
    }, {
                src:    'http://vodmp3domeout.oss-cn-beijing.aliyuncs.com/demoout128/c6f3e184801a48f681a8857bfada555a/transcode_1490963662584/f62b36096d15d00c2ca7e-a5ef6b7a46f.mp3',
        img: 'http://119.29.82.34:8090/FHMYSQL/images/music12.jpg',
        name: '真心英雄',
        author: '成龙'
    }, {
                src:    'http://vodmp3domeout.oss-cn-beijing.aliyuncs.com/demoout128/c6f3e184801a48f681a8857bfada555a/transcode_1490963662584/f62b36096d15d00c2ca7e-a5ef6b7a46f.mp3',
        img: 'http://119.29.82.34:8090/FHMYSQL/images/music11.jpg',
        name: '童话',
        author: '光良'
    }, {
                src:    'http://vodmp3domeout.oss-cn-beijing.aliyuncs.com/demoout128/c6f3e184801a48f681a8857bfada555a/transcode_1490963662584/f62b36096d15d00c2ca7e-a5ef6b7a46f.mp3',
        img: 'http://119.29.82.34:8090/FHMYSQL/images/music13.jpg',
        name: '飘扬过海来看你',
        author: '周深'
    }, {
                src:    'http://vodmp3domeout.oss-cn-beijing.aliyuncs.com/demoout128/c6f3e184801a48f681a8857bfada555a/transcode_1490963662584/f62b36096d15d00c2ca7e-a5ef6b7a46f.mp3',
        img: 'http://119.29.82.34:8090/FHMYSQL/images/music14.jpg',
        name: '丑八怪',
        author: '薛之谦'
    }, {
```

```
            src:   'http://vodmp3domeout.oss-cn-beijing.aliyuncs.com/demoout128/
c6f3e184801a48f681a8857bfada555a/transcode_1490963662584/f62b36096d15d00c2ca7e-
a5ef6b7a46f.mp3',
        img: 'http://119.29.82.34:8090/FHMYSQL/images/music15.jpg',
        name: ' 狼的诱惑 ',
        author: ' 凤凰传奇 '
      }
    ]
  },
})
```

图 4.18　音乐专区设置样式前

设置音乐专区列表的样式，需要设置字体的大小、位置，还需要设置图片的大小、位置，并设置背景颜色。部分代码如下所示，设置样式后效果如图 4.19 所示。

代码 CORE0425 音乐专区样式

// 列表样式设置
.list{
　position: absolute;
　top: 0;
　height: 100%;

```css
  width: 100%;
  color: #fff;
}
// 列表项的设置
.list-one{
  height: 160rpx;
  display: flex;
  padding: 0 30rpx;
  flex-direction: row;
  flex-wrap: nowrap;
  justify-content: flex-start;
  align-items: center;
}
// 音乐图片的设置
.list-one-poster{
  width: 100rpx;
  height: 100rpx;
  border-radius: 10rpx;
}
// 歌曲信息设置
.list-one-right{
  margin: 0 0 0 30rpx;
}
.list-one-choose{
  background-color:#aaa;
}
.list-index{
  display: block;
  width: 60rpx;
  height: 60rpx;
  text-align: center;
  border-radius: 60rpx;
  line-height: 60rpx;
  margin-right: 20rpx;
}
```

设置音乐专区音乐播放的样式，需要设置字体的大小、位置，播放进度条的高度和宽度，播放圆点的大小和播放时按钮的位置、大小，另外还需要设置背景并且做出模糊效果。部分代码如 CORE0426 所示，设置样式后效果如图 4.20 所示。

项目四 KeepFit 健身音乐专区模块

图 4.19 音乐专区设置样式后

代码 CORE0426 音乐播放样式

```
.singcontainer{
 height: 100%;
 overflow: hidden;
  display: inline-block ;
}
.bg{
 height: 100%;
 width: 100%;
}
.bg image{
 height: 100%;
 width: 100%;
 filter: blur(50rpx);
 position:absolute;
left:0;
top:0;
z-index:1;
}
```

```css
/*2*/
.bg-gray{
  position: absolute;
  top: 0;
  height: 100%;
  width: 100%;
  background-color:#ccc;
}
.rotate-disk-container{
  position: absolute;
  top: 0;
  height: 100%;
  width: 100%;
  display: flex;
  flex-direction: row;
  justify-content: center;
  align-items: center;
}
.rotate-disk{
  width: 600rpx;
  height: 600rpx;
  border-radius: 600rpx;
  overflow: hidden;
  border: 20rpx solid rgba(54, 43, 41, 0.2);
}
.poster{
  width: 100%;
  height: 100%;
}
.rotate-360{
  animation: rotate 10s linear infinite;
}
.rotate-360-paused{
  animation: rotate 10s linear infinite;
  animation-play-state: paused;
}
@keyframes rotate
{
```

```css
  0%   {transform: rotate(0deg);}
  50%  {transform: rotate(180deg);}
  100% {transform: rotate(360deg);}
}
.title-container{
  position: absolute;
  top: 0;
  height: 160rpx;
  width: 100%;
  display: flex;
  flex-direction: row;
  justify-content: space-between;
  align-items: center;
}
.title-left{
  width: 60rpx;
  height: 60rpx;
}
.text{
  color: #fff;
  text-align: center;
}
.icon-list{
  width: 50rpx;
  height: 50rpx;
  margin: 0 30rpx 0 0;
}
.slider-container{
  position: absolute;
  bottom: 140rpx;
  width: 100%;
  display: flex;
  flex-direction: row;
  justify-content: center;
  align-items: center;
}
.slider-time{
  font-size: 32rpx;
```

```css
  display: block;
  width: 19%;
  text-align: center;
  line-height: 18px;
  color: #fff;
}
.wx-slider-handle{
  width: 18px!important;
  height: 18px!important;
  top: 5px!important;
}
.operation-container{
  position: absolute;
  bottom: 0;
  height: 160rpx;
  width: 100%;
  display: flex;
  flex-direction: row;
  justify-content: center;
  align-items: center;
}
.icon-prev{
  /*background-image: url('../../image/wechat.png');
  background-repeat: no-repeat;
  background-position: -76px -153px;*/
  width: 80rpx;
  height: 80rpx;
}
.icon-play{
  /*background-image: url('../../image/wechat.png');
  background-repeat: no-repeat;
  background-position: -136px -153px;*/
  margin: 0 20rpx;
  width: 98rpx;
  height: 98rpx;
}
.icon-pause{
  /*background-image: url('../../image/wechat.png');
```

```
    background-repeat: no-repeat;
    background-position: -178px -193px;*/
    margin: 0 20rpx;
    width: 98rpx;
    height: 98rpx;
}
.icon-next{
    /*background-image: url('../../image/wechat.png');
    background-repeat: no-repeat;
    background-position: -204px -154px;*/
    width: 80rpx;
    height: 80rpx;
}
```

图 4.20　音乐播放设置样式后

第三步：进行音乐专区动画效果的制作。

　　点击音乐列表进入该音乐的播放，之后音乐列表界面隐藏，出现一个菜单图标，点击图标，音乐列表界面显示。点击中间按钮进行音乐的播放，点击左右两边按钮进行音乐的切换。代码如 CORE0427 所示。

代码 CORE0427 音乐播放 js

```js
var app = getApp()
Page({
  data: {
    audioList: [
      // 省略部分代码
    ],
    audioIndex: 0,
    pauseStatus: true,
    listShow: true,
    timer: '',
    currentPosition: 0,
    duration: 0,
  },
  onLoad: function () {
    console.log('onLoad')
    console.log(this.data.audioList.length)
    // 获取本地存储存储 audioIndex
    var audioIndexStorage = wx.getStorageSync('audioIndex')
    console.log(audioIndexStorage)
    if (audioIndexStorage) {
      this.setData({ audioIndex: audioIndexStorage })
    }
  },
  onReady: function (e) {
    console.log('onReady')
    // 使用 wx.createAudioContext 获取 audio 上下文 context
    // this.audioCtx = wx.createAudioContext('audio')
  },
  bindSliderchange: function (e) {
    // clearInterval(this.data.timer)
    let value = e.detail.value
    let that = this
    console.log(e.detail.value)
    wx.getBackgroundAudioPlayerState({
      success: function (res) {
        console.log(res)
        let { status, duration } = res
```

```
      if (status === 1 || status === 0) {
        that.setData({
          sliderValue: value
        })
        wx.seekBackgroundAudio({
          position: value * duration / 100,
        })
      }
    }
  })
},
bindTapPrev: function () {
  console.log('bindTapNext')
  let length = this.data.audioList.length
  let audioIndexPrev = this.data.audioIndex
  let audioIndexNow = audioIndexPrev
  if (audioIndexPrev === 0) {
    audioIndexNow = length - 1
  } else {
    audioIndexNow = audioIndexPrev - 1
  }
  this.setData({
    audioIndex: audioIndexNow,
    sliderValue: 0,
    currentPosition: 0,
    duration: 0,
  })
  let that = this
  setTimeout(() => {
    if (that.data.pauseStatus === false) {
      that.play()
    }
  }, 1000)
  wx.setStorageSync('audioIndex', audioIndexNow)
},
bindTapNext: function () {
  console.log('bindTapNext')
  let length = this.data.audioList.length
```

```
      let audioIndexPrev = this.data.audioIndex
      let audioIndexNow = audioIndexPrev
      if (audioIndexPrev === length - 1) {
        audioIndexNow = 0
      } else {
        audioIndexNow = audioIndexPrev + 1
      }
      this.setData({
        audioIndex: audioIndexNow,
        sliderValue: 0,
        currentPosition: 0,
        duration: 0,
      })
      let that = this
      setTimeout(() => {
        if (that.data.pauseStatus === false) {
          that.play()
        }
      }, 1000)
      wx.setStorageSync('audioIndex', audioIndexNow)
    },
    bindTapPlay: function () {
      console.log('bindTapPlay')
      console.log(this.data.pauseStatus)
      if (this.data.pauseStatus === true) {
        this.play()
        this.setData({ pauseStatus: false })
      } else {
        wx.pauseBackgroundAudio()
        this.setData({ pauseStatus: true })
      }
    },
    bindTapList: function (e) {
      console.log('bindTapList')
      console.log(e)
      this.setData({
        listShow: true
      })
```

```
  },
  bindTapChoose: function (e) {
    console.log(parseInt(e.currentTarget.id, 10))
    console.log(e)
    this.setData({
      audioIndex: parseInt(e.currentTarget.id, 10),
      listShow: false
    })
    let that = this
    setTimeout(() => {
      if (that.data.pauseStatus === false) {
        that.play()
      }
    }, 1000)
    wx.setStorageSync('audioIndex', parseInt(e.currentTarget.id, 10))
  },
  play() {
    let { audioList, audioIndex } = this.data
    wx.playBackgroundAudio({
      dataUrl: audioList[audioIndex].src,
      title: audioList[audioIndex].name,
      coverImgUrl: audioList[audioIndex].poster
    })
    let that = this
    let timer = setInterval(function () {
      that.setDuration(that)
    }, 1000)
    this.setData({ timer: timer })
  },
  setDuration(that) {
    wx.getBackgroundAudioPlayerState({
      success: function (res) {
        console.log(res)
        let { status, duration, currentPosition } = res
        if (status === 1 || status === 0) {
          that.setData({
            currentPosition: that.stotime(currentPosition),
            duration: that.stotime(duration),
```

```
              sliderValue: Math.floor(currentPosition * 100 / duration),
            })
          }
        }
      })
    },
    stotime: function (s) {
      let t = '';
      if (s > -1) {
        // let hour = Math.floor(s / 3600);
        let min = Math.floor(s / 60) % 60;
        let sec = s % 60;
        if (hour < 10) {
          t = '0' + hour + ":";
        } else {
          t = hour + ":";
        }
        if (min < 10) { t += "0"; }
        t += min + ":";
        if (sec < 10) { t += "0"; }
        t += sec;
      }
      return t;
    }
```

至此，KeepFit 健身音乐模块完成。

本项目通过学习 KeepFit 健身音乐模块，对微信小程序的媒体组件、页面渲染、如何引入其他样式文件及小程序相关的页面事件具有初步了解，能够通过所学的媒体组件的基本使用及相关的事件作出 KeepFit 健身音乐模块。

| template | 模板 |
| import | 导入 |

include	包括
scale	比例
aspect	方向
audio	音频
bind	绑定
video	视频
catch	捕获

一、选择题

1. image 组件的 mode 属性值为（　　）时图片不保持比例进行缩放。
A.scaleToFill　　　　B.aspectFit　　　　C.aspectFill　　　　D.top right

2. 下面哪一个是实现列表渲染的控制属性（　　）。
A.wx:for　　　　B.wx:key　　　　C.wx:if　　　　D.wx:else

3. 使用模板的方法是在 template 组件上添加（　　）属性。
A.name　　　　B.is　　　　C.has　　　　D.link

4. audio 标签不能实现对音频（　　）的控制。
A. 重新播放　　　　B. 暂停　　　　C. 设置时间　　　　D. 倍速播放

5. 微信小程序中的事件类型不包括（　　）。
A.touchstart　　　　B.touchmove　　　　C.touchcancel　　　　D.longtouch

二、填空题

1. 直接使用 wx:for 时数值中每一项的下标默认为 _____，数组的每一项默认为 _____。

2. wx:key 的值以两种形式提供，分别是 _____ 和 _____。

3. 在当前文件调用目标文件内容的方法有通过 _____ 调用模板内容和通过 _____ 调用其他内容。

4. 模板的定义与引用使用的是 _____ 组件。

5. 微信小程序中的页面事件分为 _____ 事件和 _____ 事件。

三、上机题

使用微信开发者工具编写符合以下要求的页面。

要求：使用列表渲染、导入模板等知识实现以下效果：编写一个带列表的模板，左边页面为模板的效果，右边页面引用模板并添加信息。

项目五　KeepFit 健身我行模块

通过实现 KeepFit 健身我行模块,了解使用小程序制作我行模块的流程及开发思路,学习小程序中表单相关组件,掌握小程序地理位置的获取和使用,详细了解 Canvas 在小程序中的使用,具有使用小程序表单制作出相关界面的能力。在任务实现过程中:

- 了解小程序开发思路。
- 掌握小程序表单组件。
- 掌握小程序地理位置的获取和使用。
- 具有使用小程序表单制作界面的能力。

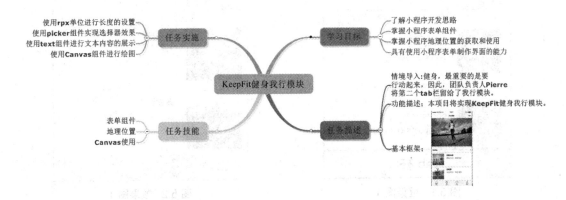

【情境导入】

我行模块主要是班级授课,同一个班健身用户的年龄和健身程度大致相同,并且人数固定,教练同时对整个班进行同样内容的教学。在这里,用户可根据找班级和班级大厅区域查找适合自己的班级,也可在找教练区域查找自己喜欢的教练并选择其班级,然后通过点击报名,支付一定的报名费即可进入班级。本项目主要通过 KeepFit 健身我行模块来学习微信小程序的表单组件与地理位置。

【功能描述】

本项目将实现 KeepFit 健身我行模块。
- 使用 rpx 单位进行长度的设置。
- 使用 picker 组件实现选择器效果。
- 使用 text 组件进行文本内容的展示。
- 使用 Canvas 组件进行绘图。

【基本框架】

基本框架如图 5.1、图 5.3、图 5.5、图 5.7 所示,通过本项目的学习,能将框架图 5.1、图 5.3、图 5.5、图 5.7 转换成 KeepFit 我行界面,效果如图 5.2、图 5.4、图 5.6、图 5.8。

图 5.1 框架图 1

图 5.2 效果图 1

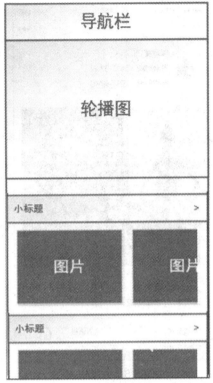

图 5.3　框架图 2

图 5.4　效果图 2

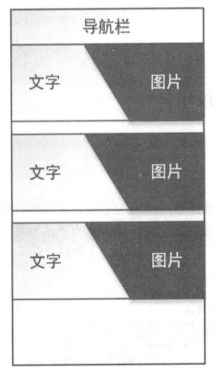

图 5.5　框架图 3

图 5.6　效果图 3

图 5.7 框架图 4

图 5.8 效果图 4

技能点 1 表单组件

1 picker

picker 是指在微信小程序中从底部弹起的滚动选择器,主要用来在页面中添加一列或多列选择列表的组件,适用于性别、年龄、日期、时间等领域,在不同的领域拥有不同的类型属性值,根据 picker 标签中的 mode 属性来划分,其具体的使用属性如表 5.1 所示。语法结构为 <picker mode=" value="> </picker>。

表 5.1 picker 组件属性

属　　性	描　　述
mode	属性值为 selector 普通选择器;multiSelector 为多列选择器;time 为时间选择器;date 为日期选择器;region 为省市区选择器

续表

属 性	描 述
value	选择的内容
bindchange	表示 value 改变时触发的事件,可通过 event.detail.value 获取到 value 的值
disabled	表示是否禁用,禁用后无法弹出选择器
range	表示选择器的列表,可以是 Array 或 Object Array
range-key	当 range 为 Object Array 时,可通过 range-key 选择 picker 中要显示的内容
bindcolumnchange	表示选择器中某一列改变时触发的事件(只用于多列选择器)
start	设置开始时间(用于时间、日期选择器)
end	设置结束时间(用于时间、日期选择器)
custom-item	表示省市区三列,每一列的顶部添加一个自定义的项(用于省市区选择器)

使用 picker 标签实现多列选择的效果如图 5.9 所示。

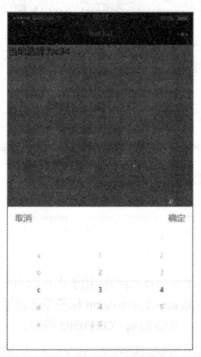

图 5.9 多列选择器

为了实现图 5.9 效果,代码如 CORE0501、CORE0502 所示。

代码 CORE0501　index.wxml

　　<picker mode='multiSelector' range='{{arr}}' value='{{indexarr}}' bindchange='change' bindcolumnchange='columnchange'> 当前选择为
　　{{arr[0][indexarr[0]]}}{{arr[1][indexarr[1]]}}{{arr[2][indexarr[2]]}}</picker>

代码 CORE0502 index.js

```js
Page({
  data: {
    arr: [
      ['a', 'b', 'c', 'd', 'e',], [1, 2, 3, 4, 5], [1, 2, 3, 4, 5]
    ],
    indexarr: [0, 0, 0],
  },
  change: function (e) {
    this.setData({
      indexarr: e.detail.value
    })
  },
})
```

提示：除了微信小程序的选择器组件，在前端的道路上我们还会遇到各种各样的选择器效果。扫描二维码，将会带你进入不同的世界！

2 picker-view

picker-view 是嵌入页面的滚动选择器组件，用于在页面中添加一个已经被展示出来的、可以直接被滚动选择的选择器。picker-view-column 标签是选择器中每一列的内容包裹标签，且只能写在 picker-view 标签内。语法结构如 CORE0503 所示。

代码 CORE0503 index.wxml

```
<picker-view >
  <picker-view-column>
    <view >{{item}}</view>
  </picker-view-column>
</picker-view>
```

picker-view 标签相关属性如下表 5.2 所示。

表 5.2 picker-view 组件属性

属　　性	描　　述
value	value 的值为一个数组,数组第几项的值代表 column 第几列中被选中的内容下标,类似于多列选择器中的 value 属性,也可通过 event.detail.value 获取到 value 的值
indicator-style	选中框(被选中的项)的样式
indicator-class	选中框的类名
mask-style	蒙层(类似于与 picker-view 同样大小的遮罩层)的样式
mask-class	蒙层的类名
bindchange	选择器内容改变时触发的事件

使用 picker-view 实现蓝色透明蒙层效果如下图 5.10 所示。

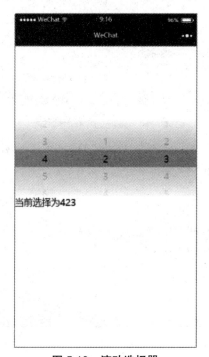

图 5.10　滚动选择器

为了实现图 5.10 效果,代码如 CORE0504、CORE0505 所示。

代码 CORE0504　index.wxml

```
<picker-view style='height:300rpx;text-align:center;margin-top:300rpx;' indicator-style='height:35px;' mask-style='background-color:rgba(0,0,255,.4)' bindchange='change'>
  <picker-view-column>
    <view wx:for='{{arr}}' style='line-height:35px;'>{{item}}</view>
```

```
    </picker-view-column>
    <picker-view-column>
     <view wx:for='{{arr}}' style='line-height:35px;'>{{item}}</view>
    </picker-view-column>
    <picker-view-column>
     <view wx:for='{{arr}}' style='line-height:35px;'>{{item}}</view>
    </picker-view-column>
   </picker-view>
   <view> 当前选择为 {{num1}}{{num2}}{{num3}}</view>
```

代码 CORE0505 index.js

```
Page({
  data: {
   arr:[1,2,3,4,5,6],
   num1: 1,
   num2: 2,
   num3: 3
  },
  change:function(e){
   const val = e.detail.value
   this.setData({
    num1: this.data.arr[val[0]],
    num2: this.data.arr[val[1]],
    num3: this.data.arr[val[2]]
   })
  }
})
```

3　slider

　　slider 组件用来在视图中添加滑动选择器，滑动选择器好比一个可以控制前后滑动的进度条，相当于 HTML5 中 range 输入类型的 input 标签。slider 组件中有很多属性，其中 min、max 和 step 设置选择器的范围及步长，还有一些设置触发事件和绑定事件的属性，具体如表 5.3 所示。

　　各种滑动选择器的效果如下图 5.11 所示。

　　为了实现图 5.11 效果，代码如 CORE0506、CORE0507、CORE0508 所示。

表 5.3　slider 组件属性

属　性	描　述
min	选择器的最小值
max	选择器的最大值
step	表示步长，要能被（max-min）整除
disabled	表示是否禁用选择器
value	表示选择器的当前值
backgroundColor	表示滑动选择器未被选中的颜色
activeColor	表示滑动选择器被选中的颜色
show-value	表示是否在选择器右边显示 value 值
bindchange	表示一次滑动后触发的事件

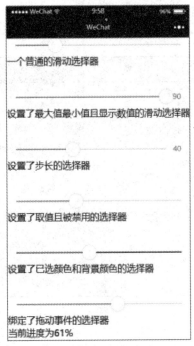

图 5.11　滑动选择器

代码 CORE0506　index.wxml

```
<slider style='margin-top:10rpx;'></slider>
<view> 一个普通的滑动选择器 </view>
<slider min='10' max='90' show-value='{{true}}'></slider>
<view> 设置了最大值最小值且显示数值的滑动选择器 </view>
```

```
<slider step='10' min='10' max='90' show-value='{{true}}'></slider>
<view> 设置了步长的选择器 </view>
<slider disabled='{{true}}' value='36'></slider>
<view> 设置了取值且被禁用的选择器 </view>
<slider backgroundColor='blue' activeColor='red'></slider>
<view> 设置了已选颜色和背景颜色的选择器 </view>
<slider bindchange='change'></slider>
<view> 绑定了拖动事件的选择器 </view>
<view> 当前进度为 {{value}}%</view>
```

代码 CORE0507 index.wxss

```
slider{
  margin-top: 100rpx;
}
```

代码 CORE0508 index.js

```
Page({
  data: {
    value:0,
  },
  change:function(e){
    this.setData({
      value: e.detail.value
    })
  }
})
```

4 switch

switch 组件用来在视图中添加开关或者复选框，当 type 属性的值为 switch 时添加开关，为 checkbox 时添加复选框。开关和复选框的颜色以及默认状态可以通过 color 属性和 checked 属性进行控制，当开关的状态发生改变时，触发的事件也可以通过 bindchange 属性进行设置。通过绑定事件的 event.detail.value 获取到。组件属性如下表 5.4 所示。

使用 switch 组件的效果如下图 5.12 所示。

为了实现图 5.12 效果，代码如 CORE0509、CORE0510、CORE0511 所示。

表 5.4 switch 组件属性

属 性	描 述
checked	表示 switch 的默认状态
type	表示 switch 的类型，目前可以取的值有 switch 和 checkbox
bindchange	表示 switch 状态改变时触发的事件，可通过 event. detail.value 获取其状态
color	表示 switch 的颜色

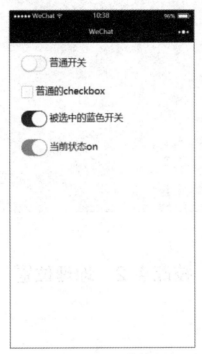

图 5.12 switch 组件效果图

代码 CORE0509 index.wxml

<switch type='switch'> 普通开关 </switch>
<switch type='checkbox'> 普通的 checkbox</switch>
<switch color='blue' checked='{{true}}'> 被选中的蓝色开关 </switch>
<switch bindchange='change'> 当前状态 {{sw}}</switch>

代码 CORE0510 index.wxss

switch{
  display: block;
  margin: 50rpx;
}

```
代码 CORE0511  index.js
Page({
 data: {
  sw:'off',
 },
 change:function(e){
  if(e.detail.value){
   this.setData({
    sw: 'on',
   })
  }else{
   this.setData({
    sw: 'off',
   })
  }
 }
})
```

技能点 2　地理位置

1　map

　　map 组件是一个容器组件，可以把位置信息在地图上展示，它是一个对标签，在小程序中使用 map 组件只需要填入属性以及对应的属性值就可以实现地图的展示。map 组件有多种属性来进行地图的展示，map 组件属性如表 5.5 所示。

表 5.5　map 组件属性

属性	描述
longitude	经度
latitude	纬度
scale	缩放（等级：5~18）
markers	标记
polyline	路线
circles	圆

续表

属性	描述
controls	控件
include-points	缩放显示所有坐标点
show-location	带有方向的定位点
bindmarkertap	标记点被点击时触发函数
bindcallouttap	标记点对应的气泡被点击时触发函数
bindcontroltap	控件被点击时触发函数
bindregionchange	当前视野发生变化时触发函数
bindtap	地图被点击时触发函数

其中，markers 的标记点可以在地图上进行位置的提醒，markers 包含的属性如表 5.6 所示。

表 5.6 map 组件 markers 标记点属性

属性	描述
longitude	经度
latitude	纬度
id	标记点 id
title	标记点名称
iconPath	标记点的图标样式
rotate	旋转角度
alpha	透明度（默认为 1）
width	宽度
height	高度
callout	标记点的气泡窗口
label	标记点标签
anchor	标记点锚点，默认为底边中点

标记点中的气泡窗口（callout）包含属性如表 5.7 所示。

表 5.7 markers 标记点气泡窗口属性

属性	描述
content	文本内容
color	文本颜色
fontSize	文本文字大小
borderRadius	圆角

续表

属 性	描 述
bgColor	背景颜色
padding	填充区,可以边缘空出区域
display	显示("byclick"设置点击显示,会消失;"always"设置一直显示,不会消失)

polyline 用于坐标点之间的连接,包含属性如表 5.8 所示。

表 5.8　map 组件 polyline 属性

属 性	描 述
points	坐标点的经纬度(数组形式)
color	连接线的颜色
width	连接线的宽度
dottedLine	设置虚线(默认为 false)
arrowLine	设置指向线(带箭头,默认为 false)
borderColor	连接线边框的颜色
borderWidth	连接线的厚度

使用 map 组件实现地图位置展示效果如图 5.13 所示。

图 5.13　map 组件地图位置展示

为了实现图 5.13 的效果,代码如 CORE0512、CORE0513 所示。

代码 CORE0512 index.wxml

```
<view>
  <map id="map" longitude="117.2282907210" latitude="39.1247412403" scale="14" controls="{{controls}}" bindcontroltap="controltap" markers="{{markers}}" bindmarkertap="markertap" polyline="{{polyline}}" bindregionchange="regionchange" show-location style="width: 100%; height: 1250rpx;"></map>
</view>
```

代码 CORE0513 index.js

```
Page({
  data: {
    markers: [{
      // 设置标记点
      iconPath: "/image/location.png",
      id: 0,
      latitude: 39.1247412403,
      longitude: 117.228290721,
      width: 50,
      height: 50
    },
    {
      iconPath: "/image/location.png",
      id: 2,
      latitude: 39.1147912443,
      longitude: 117.2219927421,
      width: 50,
      height: 50
    }],
    polyline: [{
      // 设置标记点连接线
      points: [{
        longitude: 117.228290721,
        latitude: 39.1247412403
      }, {
        longitude: 117.2219927421,
        latitude: 39.1147912443
      }],
```

```
        color: "#00000055",
        width: 5,
        dottedLine: false
      }]
    },
    regionchange(e) {
      console.log(e.type)
    },
    markertap(e) {
      console.log(e.markerId)
    },
    controltap(e) {
      console.log(e.controlId)
    }
  })
```

2 地图定位

地图定位的主要目的是获取位置并把信息展示在地图上。小程序除了使用 map 组件，还可以使用微信为小程序提供的接口进行位置信息获取、位置选择等功能。在小程序开发过程中如果使用到地图定位一般采用地图定位接口和 map 组件相结合的方法，其原因是单独使用 map 组件会比较麻烦，支持率不是很高。地图定位接口有多种方法可以进行地理位置的展示，地图定位接口方法如表 5.9 所示。

表 5.9 地图定位方法

方法	描述
wx.getLocation(object)	获取当前位置
wx.chooseLocation(object)	在地图上选择位置
wx.openLocation(object)	使用微信内置地图查看位置
wx.createMapContext(object)	创建并返回 map 对象

（1）wx.getLocation(object) 方法用于进行当前位置信息的获取（一般获取的是当前位置的经度和纬度），其中该方法参数包含的属性如表 5.10 所示。

表 5.10 参数属性

属性	描述
type	返回 GPS 坐标（默认 WGS84），gcj02 返回的坐标适用于 wx.openLocation 方法
success	成功时的回调

续表

属　性	描　述
fail	失败时的回调
complete	结束时的回调

提示：WGS84 为 GPS 全球定位系统使用而建立的坐标系统，GCJ-02 是国家测绘局制定的地址信息系统的坐标系统，两种地址位置坐标都是显示当前位置。

当接口调用成功后，回调函数返回一个对象，返回对象的格式为：Object{latitude:36.123,longitude:117.12,…}，其对象主要包含的属性如表 5.11 所示。

表 5.11　对象参数属性

属　性	描　述
latitude	纬度
longitude	经度
speed	速度
accuracy	精确度
altitude	高度
verticalAccuracy	垂直精确度
horizontalAccuracy	水平精确度

使用 wx.getLocation(object) 获取位置信息的效果如图 5.14 所示。

图 5.14　地图定位信息

为了实现图 5.14 的效果，代码如 CORE0514、CORE0515 所示。

代码 CORE0514 index.wxml

```
<view>latitude：{{latitude}}</view>
<view>longitude：{{longitude}}</view>
<view>speed：{{speed}}</view>
<view>accuracy：{{accuracy}}</view>
<view>horizontalAccuracy：{{horizontalAccuracy}}</view>
<view>verticalAccuracy：{{verticalAccuracy}}</view>
<button bindtap='getlo'> 获取信息 </button>
```

代码 CORE0515 index.js

```
Page({
 data: {
  latitude: 0,
  longitude: 0,
  speed:0,
  accuracy:0,
  horizontalAccuracy:0,
  verticalAccuracy:0
 },
 // 事件处理函数
 getlo: function () {
  var that = this;
  wx.getLocation({
   type: 'wgs84',
   success: function (res) {
    console.log(res)
    var latitude = res.latitude
    var longitude = res.longitude
    var speed = res.speed
    var accuracy = res.accuracy
    var verticalAccuracy = res.verticalAccuracy
    var horizontalAccuracy = res.horizontalAccuracy
    that.setData({
     latitude: latitude,
     longitude: longitude,
     speed: speed,
```

```
            accuracy: accuracy,
            verticalAccuracy: verticalAccuracy,
            horizontalAccuracy: horizontalAccuracy
        })
      }
    })
  },
  onLoad: function () {
    console.log('onLoad')
  }
})
```

（2）wx.chooseLocation(object) 可以通过在地图上选择位置获取到该位置的信息，该方法包含的参数属性如表 5.12 所示。

表 5.12 参数属性

属　　性	描　　述
cancel	取消时的回调
success	成功时的回调
fail	失败时的回调
complete	结束时的回调

当接口调用成功后，回调函数返回一个对象，该对象包含的属性如表 5.13 所示。

表 5.13 对象属性

属　　性	描　　述
latitude	纬度
longitude	经度
name	名称
address	详细地址

使用 wx. chooseLocation (object) 获取位置信息的效果如图 5.15 和图 5.16 所示。
为了实现图 5.15 和图 5.16 效果，代码如 CORE0516、CORE0517 所示。

图 5.15 获取位置信息　　　　　图 5.16 位置信息显示

代码 CORE0516 index.wxml
\<view>latitude：{{latitude}}\</view>
\<view>longitude：{{longitude}}\</view>
\<view>name：{{name}}\</view>
\<view>address：{{address}}\</view>
\<button bindtap='getlo'> 获取信息 \</button>

代码 CORE0517 index.js
Page({
data: {
name: 0,
address: 0,
latitude: 0,
longitude: 0
},
// 事件处理函数
getlo: function () {
var that = this;

```
wx.chooseLocation({
  success: function (res) {
    console.log(res)
    var latitude = res.latitude
    var longitude = res.longitude
    var name = res.name
    var address = res.address
    that.setData({
      latitude: latitude,
      longitude: longitude,
      name: name,
      address: address
    })
  }
})
},
onLoad: function () {
  console.log('onLoad')
}
})
```

（3）wx. openLocation (object) 可以通过微信内置的地图来获取到位置信息，该方法包含的参数属性如表 5.14 所示。

表 5.14　参数属性

属　　性	描　　述
scale	缩放比例
success	成功时的回调
fail	失败时的回调
complete	结束时的回调
latitude	纬度
longitude	经度
name	名称
address	详细地址

使用 wx. openLocation (object) 方法的效果如图 5.17 所示，点击去这里出现地点选取界面，效果如图 5.18 所示，选取地点，点击确定出现导航界面，效果如图 5.19 所示。

图 5.17 位置选取　　　　　　　　图 5.18 位置搜索

图 5.19 位置导航

为了实现图 5.17 至图 5.19 的效果，代码如 CORE0518 所示。

代码 CORE0518 index.js

```
Page({
  data: {
    name: 0,
    address: 0,
    latitude: 0,
    longitude: 0
  },
  onLoad: function () {
    console.log('onLoad')
    wx.getLocation({
      type: 'gcj02', // 返回可以用于 wx.openLocation 的经纬度
      success: function (res) {
        var latitude = res.latitude
        var longitude = res.longitude
        wx.openLocation({
          latitude: latitude,
          longitude: longitude,
          scale: 28
        })
      }
    })
  }
})
```

（4）wx.createMapContext(object) 可以通过对 map 组件的控制来控制地图的表现形式，该接口包含的对象方法如表 5.15 所示。

表 5.15 对象方法

方法	描述
getCenterLocation	获取经纬度
moveToLocation	定位
translateMarker	进行位置平移
includePoints	缩放并显示所有标记点
getRegion	获取视野
getScale	获取缩放级别

使用 wx.createMapContext(object) 接口的对象方法操作 map 组件的效果如图 5.20 所示。

图 5.20 效果图

为了实现如图 5.20 的效果，代码如 CORE0519、CORE0520 所示。

代码 CORE0519　index.wxml

```
<view> 经度 :{{latitude}}</view>
<view> 纬度 :{{longitude}}</view>
<map id="myMap" show-location style='width:100%;height:1012rpx;'/>
<button type="primary" bindtap="getCenterLocation" style='width:50%;float:left;'> 获取位置 </button>
<button type="primary" bindtap="moveToLocation" style='width:50%;'> 移动位置 </button>
```

代码 CORE0520　index.js

```
Page({
  data: {
    latitude: 0,
    longitude: 0
  },
  onReady: function (e) {
    // 使用 wx.createMapContext 获取 map 上下文
    this.mapCtx = wx.createMapContext('myMap')
```

```
},
getCenterLocation: function () {
  var that=this
  this.mapCtx.getCenterLocation({
    success: function (res) {
      console.log(res.longitude)
      console.log(res.latitude)
      var latitude = res.latitude
      var longitude = res.longitude
      that.setData({
        latitude: latitude,
        longitude: longitude
      })
    }
  })
},
moveToLocation: function () {
  this.mapCtx.moveToLocation()
}
})
```

技能点 3　Canvas 使用

　　Canvas 是一个矩形区域的画布组件,相当于一个容器,其提供了一个空白的区域,小程序中可以通过 Canvas 提供的 API 进行图形绘制、图形动画效果制作及展示。Canvas 组件有多种属性来定义画布,属性如表 5.16 所示。

表 5.16　Canvas 属性

属　性	描　述
canvas-id	唯一标识
disable-scroll	禁止屏幕上下滑动以及下拉刷新
bindtouchstart	触摸开始
bindtouchmove	触摸移动
bindtouchend	触摸结束
bindtouchcancel	触摸操作被打断

续表

属性	描述
bindlongtap	长按触发（500 毫秒）
binderror	发生错误时触发

另外，Canvas 组件还有多种绘制矩形、圆形等图像的方法，方法如表 5.17 所示。

表 5.17 Canvas 方法

方法	描述
setFillStyle	填充样式设置
setStrokeStyle	线条样式设置
setLineWidth	线条宽度
fillRect	矩形填充
draw	将绘制的图片显示在画布上

注意：Canvas 只能使用 API 绘制图像，本身并不具备绘图功能。

Canvas 组件在屏幕上显示，默认宽度 300px，高度 225px。

同一页面 canvas-id 不能重复，如果重复，该 Canvas 不能显示。

使用 Canvas 组件方法绘制的效果如图 5.21 所示。

图 5.21 Canvas 绘图

为了实现图 5.21 的效果，代码如 CORE0521、CORE0522 所示。

代码 CORE0521 index.wxml

<canvas style="width: 300px; height: 200px;border: 1px solid #000;" canvas-id="my-canvas"></canvas>

代码 CORE0522 index.js

```
Page({
  onReady: function (e) {
    var context = wx.createCanvasContext('mycanvas')
    context.setStrokeStyle("#000000")
    context.setLineWidth(10)
    context.arc(100, 50, 30, 0, 2 * Math.PI, true)
    context.moveTo(210, 50)
    context.arc(180, 50, 30, 0, 2 * Math.PI, true)
    context.moveTo(200, 100)
    context.arc(140, 100, 60, 0, Math.PI, false)
    context.stroke()
    context.draw()
  }
})
```

提示：小程序的 Canvas 组件在使用过程中会遇到各种"坑"，想要知道问题解决办法吗？扫描二维码，你将收获更多！

通过下面十个步骤的操作,实现图 5.2、图5.4、图5.6、图5.8 所示的 KeepFit 健身我行模块界面及所对应的功能。

第一步：我行界面的制作

我行界面主要由上部的轮播图和下部的列表组成,其中列表的第一项包含纵向排列的列表,第二项包含一个横向滚动的列表,第三项包含一个横向列表。代码 CORE0523、CORE524 如下,设置样式前效果如图 5.22 所示。

代码 CORE0523 我行界面 wxml

```
<swiper indicator-dots="{{indicatorDots}}"
    autoplay="{{autoplay}}" interval="{{interval}}" duration="{{duration}}">
  <block wx:for="{{imgUrls}}">
    <swiper-item class="pic">
      <navigator hover-class="navigator-hover">
        <image id="mainpic" src="{{item.url}}" class="slide-image" />
      </navigator>
    </swiper-item>
  </block>
</swiper>
<view class="woxingdiv" bindtap="findclass">
    <view class="woxingdiv-view"> 找班级 <span class="woxingspsan"></span></view>
        <view class="woxingview"><image src="https://timgsa.baidu.com/timg?image&quality=80&size=b9999_10000&sec=1505032922525&di=6faf67eb239c8e287f568b9e72f69c67&imgtype=0&src=http%3A%2F%2Fp.yjbys.com%2Fimage%2F20170327%2F1490586877543663.jpg" class="woxingimage"></image>
    <swiper indicator-dots="{{indicatorDots}}"
      <view class="woxing-view">
        <view class="woxing-woxingfont"> 有氧运动 </view>
        <view class="woxingfont1"> 有氧运动,有益健康 </view>
      </view>
    </view>
        <view class="woxingview"><image src="https://ss0.bdstatic.com/70cFuHSh_Q1YnxGkpoWK1HF6hhy/it/u=439966592,165836306&fm=27&gp=0.jpg" class="woxingimage"></image>
      <view class="woxing-view">
        <view class="woxingfont"> 啦啦操 </view>
        <view class="woxingfont1"> 啦啦操是一种好运动 </view>
      </view>
    </view>
</view>
<view class="woxingdiv1">
```

```
            <view class="woxingdiv-view1"> 班级大厅 <span class="woxingspsan"></span></view>
        <scroll-view class="recommend_scroll_x_box" scroll-x="true">
            <view class="recommend_hot_box">
                <image src="https://ss1.bdstatic.com/70cFvXSh_Q1YnxGkpoWK1HF6hhy/it/u=1424967631,2359529790&fm=27&gp=0.jpg" class="recommend_hot_image"></image>
                <image src="https://ss0.bdstatic.com/70cFvHSh_Q1YnxGkpoWK1HF6hhy/it/u=3297507280,1832660616&fm=27&gp=0.jpg" class="recommend_hot_image"></image>
            </view>
        </scroll-view>
    </view>
    <view class="woxingdiv">
        <view class="woxingdiv-view2"> 找教练 <span class="woxingspsan"></span></view>
        <view class="recommend_hot_box1">
            <view class="maind"><image src="https://ss3.bdstatic.com/70cFv8Sh_Q1YnxGkpoWK1HF6hhy/it/u=1030971115,4165520028&fm=200&gp=0.jpg" class="mainimage1"></image>
                <view class="mainvie">1</view></view>
            <view class="maind"><image src="https://timgsa.baidu.com/timg?image&quality=80&size=b9999_10000&sec=1505033168502&di=15c6d0c0eb0fc5ec059813fe51ed4753&imgtype=0&src=http%3A%2F%2Fm3.biz.itc.cn%2Fpic%2Fnew%2Fn%2F66%2F90%2FImg6359066_n.jpg" class="mainimage1"></image>
                <view class="mainvie">1</view></view>
        </view>
    </view>
```

代码 CORE0524 我行界面 js

```
Page({
  data: {
    imgUrls: [
      {
        url: 'https://timgsa.baidu.com/timg?image&quality=80&size=b9999_10000&sec=1505627458&di=0adbb1280c2bb14ecb88021e02230bc4&imgtype=jpg&er=1&src=http%3A%2F%2Fwww.outdoors.com.cn%2FUploads%2FPicture%2F2016-08-24%2F57bd44fa657ce.jpg'
      }, {
```

```
            url: 'https://timgsa.baidu.com/timg?image&quality=80&size=b9999_10000&sec=1505032739171&di=d378b1fc9d5d948e62d16bc783971165&imgtype=0&src=http%3A%2F%2Fcdnimg.erun360.com%2FUtility%2FUploads%2F2015-10-16%2F7223c474-55ac-4230-a64e-71c246db6c45.jpg'
        }, {
            url: 'https://timgsa.baidu.com/timg?image&quality=80&size=b9999_10000&sec=1505032739170&di=9de309506ef84a90bb557986dbdc37a9&imgtype=0&src=http%3A%2F%2Fimg01.taopic.com%2F150515%2F267857-15051509123963.jpg'
        }
    ],
    indicatorDots: true,
    autoplay: true,
    interval: 5000,
    duration: 1000,
    userInfo: {}
},
onLoad: function () {
    console.log('onLoad test');
}
})
```

图 5.22 我行界面设置样式前

设置我行界面的样式，需要设置轮播图部分图片的大小，列表第一项中包含列表的标题文字大小、标题下方的边框和列表中图片的大小、位置以及文字位置的设置和字体大小；列表第二项中需要设置列表图片的大小和图片的横向滚动；列表第三项需要设置图片的大小和位置，并设置图片的横向排列。部分代码如 CORE0525 所示，设置样式后效果如图 5.23、图 5.24 所示。

代码 CORE0525 我行界面样式

```css
/* 页面背景设置 */
page{
  height: 100%;
  background: #f2f2f2;
}
/* 轮播图的大小 */
swiper{
  width: 100%;
  height: 500rpx;
}
/* 轮播图图片的大小 */
#mainpic{
  width: 100%;
  height: 500rpx;
}
/* 找班级部分最外层 div 的样式的设置 */
.woxingdiv{
  margin-top: 20rpx;
  border-bottom: 1px solid #ccc;
  padding: 20rpx;
  padding-bottom: 0;
  background: #ffffff;
}
.woxingspsan{
  float: right;
}
.woxingdiv-view{
  padding-bottom: 20rpx;
}
/* 列表图片大小的设置 */
.woxingimage{
  width: 30%;
```

```css
    height: 200rpx;
    margin: 0;
}
.woxing-view{
    width:63%;
    float: right;
}
.woxingfont{
    font-weight: bold;
}
/* 字体颜色样式设置 */
.woxingfont1{
    font-weight: 100;
    color: gray;
}
.woxingview{
    margin: 0;
    padding-top: 20rpx;
    border-top: 1px solid #ccc;
    padding-bottom: 20rpx;
}
/* 班级大厅部分样式设置 */
.woxingdiv1{
    margin-top: 20rpx;
    border-bottom: 1px solid #ccc;
    background: #ffffff;
}
.woxingdiv-view1{
    padding-top: 20rpx;
    padding-bottom: 20rpx;
    margin: 20rpx;
    border-bottom: 1px solid #ccc;
}
/* 横向滚动设置 */
.recommend_scroll_x_box {
    width: 100%;
    white-space: nowrap;
    height: 320rpx;
```

```
  padding-bottom: 20rpx;
}
.recommend_hot_box {
  width: 66%;
  height: 320rpx;
  margin-right: 24rpx;
  display: inline-block;
}
.recommend_hot_image {
  width: 100%;
  height: 320rpx;
  margin-left: 20rpx;
}
/* 图片列表的大小 */
.mainimage1{
  width: 100%;
  height: 350rpx;
}
.recommend_hot_box1 {
  width: 100%;
  margin-right: 24rpx;
  display: inline-block;
}
.woxingdiv-view2{
  padding-bottom: 20rpx;
  margin-bottom: 20rpx;
  border-bottom: 1px solid #ccc;
}
.maind{
  width: 48%;
  height: 98%;
  padding:1%;
  float:left
}
.mainvie{
  text-align: center;
}
```

图 5.23 我行界面设置样式后

图 5.24 我行界面设置样式后

第二步：创建班级分类界面并进行配置。

第三步：在我行界面添加跳转链接，当点击找教练部分时，发生跳转，跳转到班级分类界面。部分代码如 CORE0526 所示。

代码 CORE0526 我行界面 js

```
Page({
  data: {
  // 跳转
  findclass: function (event) {
    console.log(event);
    wx.navigateTo({
      url: '../findclass/findclass'
    })
  }
})
```

第四步：进行班级分类界面的制作。

班级分类界面主要由上部的轮播图和下部的列表组成，其中列表由上边的标题和下边的横向滚动的图片列表组成。代码如 CORE0527、CORE0528 所示，设置样式前效果如图 5.25 所示。

代码 CORE0527 班级分类界面 wxml

```xml
<swiper indicator-dots="{{indicatorDots}}"
    autoplay="{{autoplay}}" interval="{{interval}}" duration="{{duration}}">
  <block wx:for="{{imgUrls}}">
    <swiper-item class="pic">
      <navigator hover-class="navigator-hover">
        <image id="mainpic" src="{{item.url}}" class="slide-image" />
      </navigator>
    </swiper-item>
  </block>
</swiper>
<view class="woxingdiv1" wx:for="{{img}}" bindtap="indro">
  <view class="woxingdiv-view1">{{item.name}}<span class="woxingspsan">>></span></view>
  <scroll-view class="recommend_scroll_x_box" scroll-x="true">
    <view class="recommend_hot_box" wx:for="{{item.items}}" wx:for-item="items">
      <image src="{{items.src}}" class="recommend_hot_image"></image>
    </view>
  </scroll-view>
</view>
```

代码 CORE0528 班级分类界面 js

```js
Page({
  data: {
    imgUrls: [
      {
        link: '/pages/index/index',
        url: 'http://img02.tooopen.com/images/20150928/tooopen_sy_143912755726.jpg'
      }, {
        link: '/pages/logs/logs',
        url: 'http://img06.tooopen.com/images/20160818/tooopen_sy_175866434296.jpg'
      }, {
        link: '/pages/test/test',
        url: 'http://img06.tooopen.com/images/20160818/tooopen_sy_175833047715.jpg'
      }
    ],
```

```
        img:[
          {
            items: [{
                text: " 啦啦操 1 班 ", price: "0.01", ID: "4", src: "http://119.29.82.34:8090/FHMYSQL/images/10.jpg"
            },
            {
                text: " 啦啦操 2 班 ", price: "0.01", ID: "5", src: "http://119.29.82.34:8090/FHMYSQL/images/11.jpg"
            },
            {
                text: " 啦啦操 3 班 ", price: "0.01", ID: "6", src: "http://119.29.82.34:8090/FHMYSQL/images/12.jpg"
            }], name: " 啦啦操 ", ID: "2"
          },
          {
            items: [
              {
                text: " 大型游戏 1 班 ", price: "0.01", ID: "7", src: "http://119.29.82.34:8090/FHMYSQL/images/13.jpg"
              }, {
                text: " 大型游戏 2 班 ", price: "0.01", ID: "8", src: "http://119.29.82.34:8090/FHMYSQL/images/7.jpg"
              }, {
                text: " 大型游戏 3 班 ", price: "0.01", ID: "9", src: "http://119.29.82.34:8090/FHMYSQL/images/7.jpg"
              }], name: " 大型游戏 ", ID: "3"
          },
          {
            items: [{
                text: " 有氧 1 班 ", price: "0.01", ID: "1", src: "http://119.29.82.34:8090/FHMYSQL/images/j1.jpg"
            }, {
                text: " 有氧 2 班 ", price: "0.01", ID: "2", src: "http://119.29.82.34:8090/FHMYSQL/images/7.jpg"
            }, {
                text: " 有氧 3 班 ", price: "0.01", ID: "3", src: "http://119.29.82.34:8090/FHMYSQL/images/9.jpg"
```

```
      }], name: " 有氧运动 ", ID: "1"
    }
  ],
  indicatorDots: true,
  autoplay: true,
  interval: 5000,
  duration: 1000,
  userInfo: {}
},
onLoad: function () {
  console.log(this.data.img);
  }
})
```

图 5.25　班级分类界面设置样式前

　　设置班级分类界面的样式,需要设置轮播图部分图片的大小,列表中列表的标题文字大小、位置,还需要设置列表图片的大小和图片的横向滚动。部分代码如 CORE0529 所示,设置样式后效果如图 5.26 所示。

代码 CORE0529 班级分类页面样式

```css
swiper{
  width: 100%;
  height: 500rpx;
}
#mainpic{
  width: 100%;
  height: 500rpx;
}
.woxingspsan{
  float: right;
}
.woxingdiv1{
  margin-top: 20rpx;
  border-bottom: 1px solid #ccc;
  background: #ffffff;
}
.woxingdiv-view1{
  padding: 20rpx;
  margin-bottom: 20rpx;
  border-bottom: 1px solid #ccc;
  border-top: 1px solid #ccc;
}
.recommend_scroll_x_box {
  width: 100%;
  white-space: nowrap;
  height: 320rpx;
  padding-bottom: 20rpx;
}
.recommend_hot_box {
  width: 66%;
  height: 320rpx;
  margin-right: 24rpx;
  display: inline-block;
}
.recommend_hot_image {
  width: 100%;
  height: 320rpx;
```

```
    margin-left: 20rpx;
}
```

图 5.26 班级分类界面设置样式后

第五步：创建班级列表界面并进行配置。

第六步：在班级分类界面添加跳转链接，当点击列表部分时，发生跳转，跳转到班级列表界面。部分代码如 CORE0530 所示。

代码 CORE0530 班级分类 js
```
Page({
  data: {
// 跳转
  indro: function (event) {
    console.log(event);
    wx.navigateTo({
      url: '../classlist/classlist'
    })
  }
})
```

第七步：进行班级列表界面的制作。

班级列表界面主要由列表组成，列表的每一项包含文字和图片。代码 CORE0531、

CORE0532 如下，设置样式前效果如图 5.27 所示。

代码 CORE0531 班级列表界面 wxml

```
<view class="indroview" bindtap="cinfo">
    <view class="classcontainer " id="classintroduce" ng-model="model" wx:for="{{imgUrls}}">
      <div class="classshaped" style="background:url({{item.img}}) 100% ">
      </div>
      <view class="classHallText">
        <view class="indro-view1">{{item.text}}</view>
        <view class="indro-view2">{{item.introduce}}</view>
      </view>
    </view>
</view>
```

代码 CORE0532 班级列表界面 js

```
Page({
  data: {
    imgUrls: [
      {
        text: " 啦啦操 1 班 ", price: "0.01", introduce: " 莉莉姐是我们公司的红人,但大家一直很奇怪,论身高,她算不上高挑；论样貌,也不算出众；平时,也不见她跟…连着三年的升职加薪都有她的份儿。 前几天,她带我一起去见个客户,并没有什么要紧的事,只是日常的关系 ", ID: "4", img: "http://119.29.82.34:8090/FHMYSQL/images/10.jpg"
      }, {
        text: " 啦啦操 2 班 ", price: "0.01", introduce: " 所有人都在叫嚣着你只是看起来很努力,所有人都在声嘶力竭的吼着生活不只眼前的苟且,所有人都在极力寻求一…么要努力呢？ 1 一浪更比一浪强,别被后浪拍在沙滩上。长江后浪推前浪,一浪更比一浪强。竞争社会,拼 ", ID: "5", img: "http://119.29.82.34:8090/FHMYSQL/images/11.jpg"
      }, {
        text: " 啦啦操 3 班 ", price: "0.01", introduce: " 几年前,站在一所名校的门前,女友痛斥考研的正哥:所有人都误以为这里是梦开始的地方,我想告诉你,这里也…,她转身离开,甚至没有正式对他说再见。 有很长一段时间,正哥每天醒来和睡时都会抱着她的照片。最难受 ", ID: "6", img: "http://119.29.82.34:8090/FHMYSQL/images/12.jpg"
      }
    ]
  },
  onLoad: function () {
```

```
    console.log('onLoad test');
  }
})
```

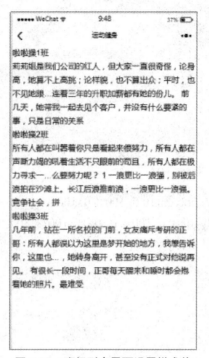

图 5.27 班级列表界面设置样式前

设置班级列表界面的样式,需要设置列表的大小、位置和列表中文字部分的文字大小、位置并添加省略,还需要设置图片的大小和位置。部分代码如 CORE0533 所示,设置样式后效果如图 5.28 所示。

代码 CORE0533 班级列表样式
```
.indroview{
 width:100%;
 height:100%;
 background:#f2f2f2;
}
.classcontainer{
 width: 100%;
 height: 150px;
 overflow: hidden;
 margin: 10px;
 background: white;
```

```css
    position: relative;
}
#classintroduce{
  margin: 0px;
  margin-bottom: 10px;
}
#classintroduce:last-child{
  margin-bottom: 0px;
}
.classshaped {
  width: 60%;
  height: 150px;
  float: right;
  -webkit-shape-outside: polygon(0 0, 100% 0, 100% 100%, 30% 100%);
  -webkit-clip-path: polygon(0 0, 100% 0, 100% 100%, 30% 100%);
  -webkit-shape-margin: 20px;
}
.classHallText{
  position: absolute;
  left: 0;
  top: 0;
  width:40%;
  margin-top: 40px;
  margin-left: 20px;
}
.indro-view1{
  font-size:24px
}
.indro-view2{
  overflow:hidden;
  text-overflow:ellipsis;
  white-space: nowrap;
}
```

第八步：创建班级详情界面并进行配置。

第九步：在班级列表界面添加跳转链接，当点击列表部分时，发生跳转，跳转到班级详情界面。部分代码如 CORE0534 所示。

第十步：进行班级详情界面的制作。

班级详情界面主要由上部的头像、文字和中部的展示图片、图片下方的文字以及下部的按钮组成。代码 CORE0535、CORE0536 如下，设置样式前效果如图 5.29 所示。

图 5.28　班级列表界面设置样式后

代码 CORE0534　班级列表 js

```
Page({
 data: {
// 跳转
 cinfo: function (event) {
   console.log(event);
   wx.navigateTo({
    url: '../classinfo/classinfo'
   })
  }
 }
})
```

代码 CORE0535　班级详情界面 wxml

```
<view class="card" wx:for="{{imgUrls}}">
  <view class="item-avatar">
    <image class="cinfoimg" src="{{item.pic}}"></image>
    <view class="cinfotext">{{item.classe}}</view>
```

```
            <view class="cinfotext"> 开班时间：{{item.startTime}}</view>
            <view class="cinfotext"> 结束时间：{{item.endTime}}</view>
        </view>
        <view class="item-avatar1">
            <image class="full-image" src="{{item.pic}}"></image>
            <view class="cinfoview"><span> 授课教师：{{item.teacher}}</span></view>
            <view class="cinfoview"><span> 班级价格：{{item.price}}</span></view>
              <view class="cinfoview"><span > 班级简介：{{item.introduction}}</span></view>
        </view>
        <view class="item-avatar2">
            <view bindtap="myclass">
            <span> 点击报名 </span>
                <image class="icon ion-thumbsup" style="padding-right: 5%;width:30px;height:30px;" src="../../image/good.png"></image>
            </view>
            <view>
            <span> 进入班级 </span>
                <image class="icon ion-chatbox" style="padding-right: 5%;width:30px;height:30px;" src="../../image/home.png"></image>
            </view>
            <!-- <view>
            <span> 分享 </span>
                <image class="icon ion-navigate" style="padding-right: 5%;width:30px;height:30px;" src="../../image/share.png"></image>
            </view> -->
        </view>
    </view>
```

代码 CORE0536 班级详情界面 js

```
Page({
  data: {
    imgUrls: [
      {
        classe:" 啦啦操 1 班 ",
        endTime:"2017-03-01",
        introduction:" 啦啦操 1 班 ",
```

```
            pic:"http://119.29.82.34:8090/FHMYSQL/images/10.jpg",
            price:"0.01",
            startTime:"2017-02-27",
            teacher:"111",
            id:"2",
            video:"http://vodtestdemoout.oss-cn-beijing.aliyuncs.com/vodtestdemo/
5a5871576fca4ffc9df9996df6259906/act-sd-mp4-sd/ 连续托马斯全旋 .mp4"
        }
    ]
},
onLoad: function () {
    console.log('onLoad test');
}
})
```

设置班级详情界面的样式，需要设置上部头像图片的大小、位置和文字部分文字的大小、位置；中部展示图片的大小、位置和图片下方文字的大小、位置；下部按钮的位置和文字的大小。部分代码如 CORE0537 所示，设置样式后效果如图 5.30 所示。

图 5.29　班级详情界面设置样式前

代码 CORE0537 班级详情样式

```
page{
 background: #f2f2f2;
}
.card{
 width:100%;
 height:200rpx;
 border-top:1px solid #ccc;
}
.item-avatar{
 height:200rpx;width:100%;background:#ffffff;padding-top:20rpx;
}
.cinfoimg{
     width:80rpx;height:80rpx;margin-top:54rpx;margin-left:20px;border-radius:50%;-float:left;
}
.cinfotext{
 color: black;padding-top:3px;width:80%;float:right;
}
.item-avatar1{
   padding:30rpx;background:#ffffff;border-top:1px solid #ccc;border-bottom:2px solid #ccc;
}
.full-image{
 height: 300px;width: 100%
}
.cinfoview{
 margin-top: 0px;margin-bottom: 0px;color: black
}
.item-avatar2{
 width:100%;height:100rpx;background:#ffffff;border-bottom:3px solid #ccc;
}
.item-avatar2 view{
 float:left;
 margin-top:25rpx;
 width:50%;
 text-align: center;
}
```

```
.item-avatar2 span{
 display:block;
float:left;
margin-left:10%;
}
```

图 5.30　班级详情界面设置样式后

至此,项目五 KeepFit 健身我行模块完成。

本项目通过学习 KeepKit 健身我行模块,能够对小程序的开发流程有进一步的了解,能够通过所学的表单组件、地理位置的获取等制作成用户登录后显示用户所在的位置,同时能够根据所学内容在设计及制作方面更上一层楼。

picker　　　　　　　　　滚动选择器
range　　　　　　　　　范围

slider	滑动选择器
switch	开关
map	地图
longitude	经度
latitude	纬度
scale	缩放
markers	标记

一、选择题

1. picker 选择器的类别不包括（　　）。
   A. 时间选择器　　B. 日期选择器　　C. 省市区选择器　　D. 颜色选择器
2. 下面哪一个是获取当前位置信息的方法（　　）。
   A.wx.chooseLocation　　　　　　B.wx.openLocation
   C.wx.createMapContext　　　　　D.wx.getLocation
3. 在页面中添加一个滑动选择器需要使用（　　）组件。
   A.slider　　　B.template　　　C.progress　　　D.picker
4. switch 组件可以添加的类型有 switch 和（　　）。
   A.checkbox　　B.input　　　C.select　　　D.form
5. 使用 Canvas 画图调用的接口为（　　）。
   A.wx.checkSession　　　　　　B.wx.createCanvasContext
   C.wx.createAnimation　　　　　D.wx.onSocketClose

二、填空题

1. 添加嵌入页面的滚动选择器用 _____ 组件。
2. picker 选择器的类型根据 _____ 属性划分。
3. 省市区选择器若要在每一列的顶部添加一个自定义的项需要用到 _____ 属性。
4. wx.openLocation 可以通过 _____ 地图来获取到位置的信息。
5. 在 Canvas 上画图时，同一页面 _____ 不能重复。

三、上机题

使用微信开发者工具编写符合以下要求的页面。
要求：使用获取位置信息相关知识实现以下效果，编写一个可以选择地图上地点的界面。

项目六 KeepFit 健身资源模块

通过实现 KeepFit 健身资源模块，了解健身资源模块具有哪些功能，学习小程序弹出框的种类及应用，掌握小程序中图片获取、文件上传、下载等功能，并学习小程序中相关的设备功能比如拨打电话、扫码等方法，具有调用小程序相关方法的能力。在任务实现过程中：

- 了解健身资源模块的功能
- 了解弹出框的应用
- 掌握小程序文件上传下载
- 具备使用小程序相关方法的能力

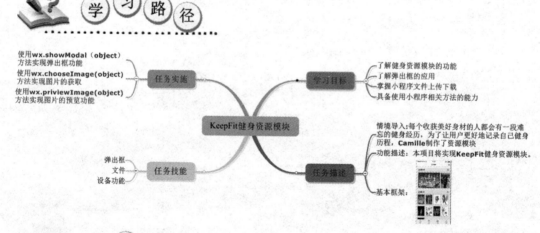

🕹【情境导入】

每个收获健康身体的人都会有一段难忘的健身经历，为了让用户更好地记录自己健身历程，研发团队制作了资源模块。用户记录自己健身经历的方式会有多种，如：拍照、录音、录视频等，为了使界面简洁、美观，研发团队决定把这些功能放到一个菜单中，并在页面中添加了一个显示操作菜单的按钮。本项目主要通过 KeepFit 健身资源模块来学习微信小程序的弹出框

项目六　KeepFit 健身资源模块

与设备功能。

【功能描述】

本项目将实现 KeepFit 健身资源模块。
- 使用 wx.showModal（object）方法实现弹出框功能。
- 使用 wx.chooseImage(object) 方法实现图片的获取。
- 使用 wx.priviewImage(object) 方法实现图片的预览功能。

【基本框架】

基本框架如图 6.1 所示，通过本项目的学习，能将框架图转换成如图 6.2 的 KeepFit 资源界面。

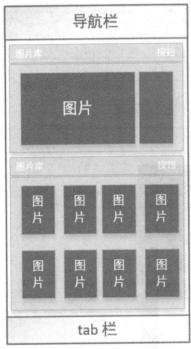
图 6.1　框架图

图 6.2　效果图

技能点 1　弹出框

1　对话框

对话框（wx.showModal（object））通常用于给用户传达相关提醒信息，在用户回应之前不可以进行其他操作。对话框占据部分屏幕空间,用来做一些快速的信息交互,比如信息确认、小提示等。对话框有多种对象参数来进行对话框的定义,对象参数如表6.1所示。

表6.1 对话框参数

属性	描述
title	标题
content	内容
showCancel	显示/隐藏取消按钮,默认为true
cancelText	设置取消按钮的文字,默认为"取消"
cancelColor	设置取消按钮文字的颜色
confirmText	设置确认按钮的文字,默认为"确认"
confirmColor	设置确认按钮文字的颜色
success	成功时触发的函数
fail	失败时触发的函数
complete	结束时触发的函数

使用对话框的效果如图6.3所示。

图6.3 对话框效果

为了实现图6.3的效果,代码如CORE0601、CORE0602所示。

代码 CORE0601 index.wxml

`<button bindtap='alert'>` 弹出框 `</button>`

代码 CORE0602 index.js

```js
Page({
  data: {
  },
  // 事件处理函数
  alert: function () {
    wx.showModal({
      title: '提示',
      content: '弹出框',
      cancelText:" 否 ",
      cancelColor:"#aaaaaa",
      confirmText:" 是 ",
      confirmColor:"#cccccc",
      success: function (res) {
        console.log(res)
        if (res.confirm) {
          console.log('确定')
        } else if (res.cancel) {
          console.log('取消')
        }
      }
    })
  },
  onLoad: function () {
    console.log('onLoad')
  }
})
```

2 上拉菜单

上拉菜单（wx.showActionSheet(object)）是从设备屏幕的底部边缘向上滑出的弹出框。其内容通常以列表的形式显示在页面的下方，可通过点击其所在页面使其消失。当被触发时，其所在页面将会变暗，信息无法修改。上拉菜单有多种对象参数来进行上拉菜单的定义，其对象参数如表 6.2 所示。

使用对话框的效果如图 6.4 所示。

为了实现图 6.4 的效果，代码如 CORE0603、CORE0604 所示。

表 6.2 上拉菜单

属　性	描　述
itemList	列表项的个数，不超过 6 个
itemColor	列表项文字的颜色
success	成功时触发返回被点击列表项的下标
fail	失败时触发
complete	结束时触发

图 6.4　上拉菜单效果

代码 CORE0603　index.wxml

```
<button bindtap='alert'> 上拉菜单 </button>
```

代码 CORE0604　index.js

```
Page({
 data: {
 },
 // 事件处理函数
 alert: function () {
  wx.showActionSheet({
```

```
      itemList: ['第一项','第二项','第三项'],
      itemColor:"#0000ff",
      success: function (res) {
        console.log(res.tapIndex)
      },
      fail: function (res) {
        console.log(res.errMsg)
      }
    })
  },
  onLoad: function () {
    console.log('onLoad')
  }
})
```

3 消息提示框

消息提示框通常用于给用户显示用户操作之后状态,在状态未消失之前,如果添加透明蒙层则不可以进行其他操作。消息提示框只在页面的中部显示,用来对操作状态进行提示,比如信息加载提示、上传下载完成提示等。消息框有多种方法来进行不同状态的提示,其主要方法如表 6.3 所示。

表 6.3 消息框方法

方 法	描 述
wx.showToast(OBJECT)	显示√状态的提示框
wx.showLoading(OBJECT)	显示加载状态的提示框
wx.hideToast()	隐藏√状态的提示框
wx.hideLoading()	隐藏加载状态的提示框

(1)wx.showToast(OBJECT) 方法显示√状态时的对象参数如 6.4 所示。

表 6.4 消息提示框参数

参 数	描 述
title	内容
icon	图标(参数值为:success、loading)
image	图片路径
duration	显示时间
mask	透明蒙层(默认为:false)
success	成功时触发

续表

参　　数	描　　述
fail	失败时触发
complete	结束时触发

使用 wx.showToast(OBJECT) 方法效果如图 6.5 所示。

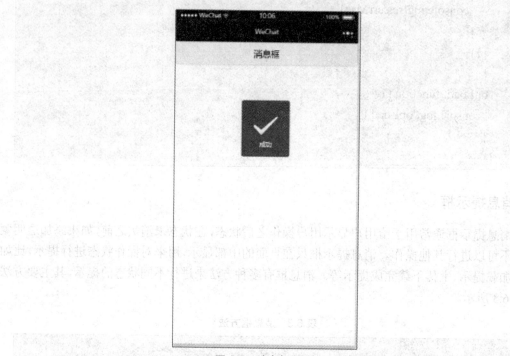

图 6.5　消息框效果

为了实现图 6.5 的效果，代码如 CORE0605、CORE0606 所示。

代码 CORE0605　index.wxml

```
<button bindtap='alert'> 消息框 </button>
```

代码 CORE0606　index.js

```
Page({
  data: {
  },
  // 事件处理函数
  alert: function () {
    wx.showToast({
      title: ' 成功 ',
```

```
    icon: 'success',
    mask:true,
    duration: 3000
  })
},
onLoad: function () {
  console.log('onLoad')
}
})
```

(2) wx. showLoading (OBJECT) 方法显示加载状态的提示框参数如下表 6.5 所示。

表 6.5　消息加载框参数

参　数	描　述
title	内容
mask	透明蒙层（默认为：false）
success	成功时触发的函数
fail	失败时触发的函数
complete	结束时触发的函数

使用 wx. showLoading (OBJECT) 方法效果如图 6.6 所示。

图 6.6　加载消息框

为了实现图 6.6 的效果，代码如 CORE0607、CORE0608 所示。

代码 CORE0607 index.wxml

```
<button bindtap='alert'> 消息框 </button>
```

代码 CORE0608 index.js

```
Page({
  data: {

  },
  // 事件处理函数
  alert: function () {
    wx.showLoading({
      title: ' 加载中 ',
      mask: true,
    })
  },
  onLoad: function () {
    console.log('onLoad')
  }
})
```

技能点 2　文件

1　图片文件获取

图片可以真实反映具有实效性的人或事物，人们可以通过图片的展示表达快乐、痛苦、忧伤等情感，想要实现图片的获取，小程序提供了一些方法用于在移动设备中获取、修饰图片。具体方法如表 6.6 所示。

表 6.6　操作图片方法

方　　法	描　　述
wx.chooseImage(object)	选择图片
wx.priviewImage(object)	预览图片
wx.getImageInfo(object)	图片信息
wx.saveImageToPhotosAlbum(object)	保存图片

(1) wx.chooseImage(object) 方法可以访问手机相册或拍照来得到图片，方法包含的对象参数如表 6.7 所示。

表 6.7 对象参数

参数	描述
count	选择图片张数
sizeType	图片样式（原图 / 压缩）
sourceType	图片选择方式（album 从相册选图，camera 使用相机，默认二者都有）
success	成功时触发，返回图片路径
fail	失败时触发
complete	结束时触发

使用 wx.chooseImage(object) 方法选择图片效果如图 6.7 所示：

图 6.7 获取图片效果

为了实现图 6.7 的效果，代码如 CORE0609、CORE0610 所示。

代码 CORE0609　index.wxml

```
<button bindtap='choose'> 选择图片 </button>
<image src='{{src}}' style='width:99%;height:320px;border:1px solid #000;'></image>
```

代码 CORE0610 index.js

```
Page({
  data: {
    src:""
  },
  // 事件处理函数
  choose: function () {
    var that=this
    wx.chooseImage({
      count: 1,
      sizeType: ['original', 'compressed'], // 可以指定是原图还是压缩图,默认二者都有
      sourceType: ['album', 'camera'], // 可以指定来源是相册还是相机,默认二者都有
      success: function (res) {
        // 返回选定照片的本地文件路径列表,tempFilePath 可以作为 img 标签的 src 属性显示图片
        var tempFilePaths = res.tempFilePaths
        console.log(tempFilePaths)
        that.setData({
          src: tempFilePaths
        })
      }
    })
  },
  onLoad: function () {
    console.log('onLoad')
  }
})
```

（2）wx.previewImage(object) 方法用于对图片进行预览,可以通过设置方法属性来设置预览时上下图片切换效果,方法包含的对象参数如表 6.8 所示。

表 6.8 对象参数

参　　数	描　　述
count	选择图片张数
urls	预览列表
success	成功时触发,返回图片路径
fail	失败时触发
complete	结束时触发

使用 wx.previewImage (object) 方法选择图片效果如图 6.8 所示。

图 6.8　预览图片效果

为了实现图 6.8 的效果，代码如 CORE0611、CORE0612 所示。

代码 CORE0611　index.wxml

`<view wx:for="{{Urls}}" wx:key="{{index}}">`
　　`<image id="{{index}}" src='{{item.url}}' style='width:100px;height:150px;float:left;margin-right:10px;margin-bottom:10px;' bindtap='previewImage'></image>`
`</view>`

代码 CORE0612　index.js

`Page({`
　`data: {`
　　`Urls: [`
　　　`{`
　　　　`url: "https://ss1.bdstatic.com/70cFuXSh_Q1YnxGkpoWK1HF6hhy/it/u=3749430945,1756305810&fm=27&gp=0.jpg",`
　　　`}, {`
　　　　`url: "https://ss0.bdstatic.com/70cFuHSh_Q1YnxGkpoWK1HF6hhy/it/u=1204995986,2768526926&fm=27&gp=0.jpg",`

```
      }, {
        url: "http://img02.tooopen.com/images/20150928/tooopen_sy_143912755726.jpg",
      }
    ]
  },
  onLoad: function () {
    console.log('onLoad test');
  },
  previewImage: function (e) {
    console.log(e)
    var inde = parseInt(e.currentTarget.id, 10)
    wx.previewImage({
      current: this.data.Urls[inde].url, // 当前显示图片的 http 链接
      urls: ["https://ss1.bdstatic.com/70cFuXSh_Q1YnxGkpoWK1HF6hhy/it/u=3749430945,1756305810&fm=27&gp=0.jpg",     "https://ss0.bdstatic.com/70cFuHSh_Q1YnxGkpoWK1HF6hhy/it/u=1204995986,2768526926&fm=27&gp=0.jpg",   "http://img02.tooopen.com/images/20150928/tooopen_sy_143912755726.jpg"] // 需要预览的图片 http 链接列表
    })
  }
})
```

（3）wx.getImageInfo(object) 方法用于获取图片的信息，可以方便我们查看图片的分辨率，方法包含的对象参数如表 6.9 所示。

表 6.9 对象参数

参 数	描 述
src	图片路径
success	成功时触发，返回图片路径
fail	失败时触发
complete	结束时触发

使用 wx. getImageInfo (object) 方法选择图片效果如图 6.9 所示。

为了实现图 6.9 的效果，代码如 CORE0613、CORE0614 所示。

图 6.9 获取图片信息

代码 CORE0613 index.wxml

```
<button bindtap='choose'> 选择图片 </button>
<image src='{{srcs}}'></image>
<view> 图片信息：{{information}}</view>
```

代码 CORE0614 index. js

```
Page({
 data: {
   srcs:"",
   information:""
 },
// 事件处理函数
 choose: function () {
   let that=this
   wx.chooseImage({
    success: function (res) {
     console.log(res.tempFilePaths[0])
     that.setData({
      srcs: res.tempFilePaths[0]
```

```
      })
      wx.getImageInfo({
        src: res.tempFilePaths[0],
        success: function (res) {
          console.log(res.width)
          console.log(res.height)
          that.setData({
            information: " 宽度: " + res.width + " 高度: " + res.height
          })
        }
      })
    }
  })
},
onLoad: function () {
  console.log('onLoad')
}
})
```

2 文件上传下载

在一款软件中,文件的上传、下载功能是经常用到的,小程序为方便开发者开发,提供文件上传、下载等功能的实现方法,只需要填入相应的对象参数就可以实现文件的上传和下载。

(1)文件上传

文件上传(wx.uploadFile(object))是将文件以流的形式提交到服务器端,服务器端接收流并解析保存到本地,将保存的地址以参数形式返回。文件上传方法包含的对象参数如表 6.10 所示。

表 6.10 对象参数

参　　数	描　　述
url	服务器路径
filePath	文件路径
name	文件 key,服务器通过 key 获取文件内容
header	HTTP 请求 header
formData	请求服务器时,发送给服务器的数据
success	成功时触发
fail	失败时触发
complete	结束时触发

将文件上传方法看做一个对象，通过对象的方法可以用于对上传进度进行监听，也可以取消上传，对象包含的方法如表 6.11 所示。

表 6.11　方法

方　　法	描　　述
onProgressUpdate	监听上传进度
abort	终止取消上传

使用 wx.uploadFile(object) 方法实现文件上传代码示例如下所示。

```
const uploadTask = wx.uploadFile({
    url: ' 服务器路径 ',
    filePath:' 文件路径 ',
    name: 'key',
    formData:{
        'user': 'test'
    },
    success: function(res){
        var data = res.data  // 文件在服务器上的路径
    }
})
uploadTask.onProgressUpdate((res) => {
    console.log(' 上传进度 ', res.progress)
    console.log(' 已经上传的数据长度 ', res.totalBytesSent)
    console.log(' 上传的数据总长度 ', res.totalBytesExpectedToSend)
})
uploadTask.abort() // 取消上传任务
```

快来扫一扫！

提示：了解了文件上传的知识后，是否想要知道如何进行文件上传方法的编写呢？扫描二维码，你将学会如何去使用它！

（2）文件下载

文件下载（wx.downloadFile(object)）是将网上文件资源或服务器的文件资源下载到本地的过程，客户端填入想要下载文件的路径，下载成功返回文件的本地路径，文件下载方法包含的对象参数如表 6.12 所示。

表 6.12　对象参数

参　　数	描　　述
url	资源路径
header	HTTP 请求 header
success	成功时触发
fail	失败时触发
complete	结束时触发

使用 wx.downloadFile(object) 方法下载资源效果如图 6.10 所示：

图 6.10　文件下载效果

为了实现图 6.10 的效果，代码如 CORE0615、CORE0616 所示。

代码 CORE0615　index.wxml

<image src='{{src}}'></image>
<button bindtap='choose'> 下载图片 </button>
<view> 下载进度：{{percent}}</view>

代码 CORE0616 index.js

```
Page({
 data: {
   src:"http://img02.tooopen.com/images/20150928/tooopen_sy_143912755726.jpg",
   percent:"0%"
 },
 // 事件处理函数
 choose: function () {
   const downloadTask = wx.downloadFile({
     url: this.data.src, // 仅为示例，并非真实的资源
     success: function (res) {
       console.log(res)
     }
   })
   downloadTask.onProgressUpdate((res) => {
       console.log(res)
       var that=this
       that.setData({
         percent: Math.floor(res.progress * 100) + "%"
       })
   })
 },
 onLoad: function () {
   console.log('onLoad')
 }
})
```

技能点 3　设备功能

1　拨打电话

在开发初期需求者提出想做餐饮类、购物类、教育类项目时，开发过程不可避免调用手机原生的电话界面进行通话，而小程序开发带有微信的多个 API 方法，其中包含拨打电话的方法 wx.makePhoneCall(OBJECT)，在使用该方法时需要通过里面的 phoneNumber 参数添加电话号码。wx.makePhoneCall(OBJECT) 方法的参数说明如表 6.13 所示。

表 6.13 方法参数

参数	说明
phoneNumber	被拨打的号码
success	拨打成功后调用
fail	拨打失败后调用
complete	拨打完成后调用（无论是否拨打成功都会执行）

使用拨打电话功能的效果如图 6.11 和图 6.12 所示。

图 6.11 输入电话号码

图 6.12 拨打电话

为了实现图 6.11 和图 6.12 的效果，代码如 CORE0617、CORE0618 所示。

代码 CORE0617 index.wxml
请输入号码 \<input type='number' bindinput='bininput' style='border:1px solid #ddd'/\> \<button type='primary' bindtap='makephone'\> 拨打 \</button\>

项目六　KeepFit 健身资源模块

代码 CORE0618　index.js

```
Page({
 bininput:function(e){
   this.inputvalue=e.detail.value
   // 获取到输入的号码 },
wx.makePhoneCall({
// 调用拨打电话的接口
    phoneNumber: this.inputvalue,  // 设置电话号码
   })
  }
})
```

2　扫码

小程序中提供了扫码（扫一扫）功能的接口，其包含两种方式，分别是相机扫码、相册扫码。其实现原理是通过对二维码或条形码的扫描返回其对应的内容（包括扫码的内容、类型、字符集以及携带的 path）。实现扫码的方法是调用小程序中的 wx.scanCode(OBJECT) 方法，该方法对应的参数如表 6.14 所示。

表 6.14　方法参数

参　　数	说　　明
onlyFromCamera	该参数为 true 时表示只能从相机扫码，为 false 时表示既可以通过相机扫码，也可以通过相册扫码
success	调用扫码接口成功后调用
fail	调用扫码接口失败后调用
complete	调用扫码接口完成后调用（无论是否调用成功都会执行）

使用扫码实现效果如图 6.13 和图 6.14 所示。

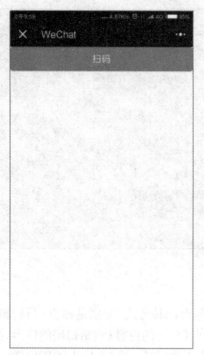
图 6.13 扫码界面

图 6.14 扫码效果

为了实现上面的效果,代码如 CORE0619、CORE0620 所示。

代码 CORE0619 index.wxml

```
<button type='primary' bindtap='scancode'> 扫码 </button>
```

代码 CORE0620 index.js

```
Page({
 scancode:function(){
  wx.scanCode({    //调用扫码接口
   success:function(res){
    //扫码成功后调用的方法
   }
  })
 }
})
```

3 振动

为了在开会的时候能够及时接收消息而不打扰他人,通常会把手机调为振动或静音,小程序为此提供了手机振动接口,wx.vibrateShort(OBJECT)(短时间振动 15ms);wx.vibrateLong(OBJECT)(长时间振动为 400ms),这两个方法对应的参数如表 6.15 所示。

表 6.15　方法参数

参数	说明
success	调用振动接口成功后调用
fail	调用振动接口失败后调用
complete	调用振动接口完成后调用（无论是否调用成功都会执行）

使用振动功能的效果如图 6.15 所示。

为了实现图 6.15 的效果，代码如 CORE0621、CORE0622 所示。

图 6.15　震动效果

代码 CORE0621　index.wxml

```
<button type='primary' bindtap='vishort'> 一个短时间的振动 </button>
<button type='primary' bindtap='vilong'> 一个长时间的振动 </button>
```

代码 CORE0622　index.js

```
Page({
 vishort:function(){
  wx.vibrateShort()
 },
 vilong: function () {
  wx.vibrateLong()
```

        }
    })

通过下面六个步骤的操作,实现图 6.2 所示的 KeepFit 健身资源模块界面及所对应的功能。

第一步:资源界面的制作。

资源界面主要由两个图片展示框组成,第一个展示框是水平滑动进行查看,这样做效果美观并且节省空间,第二个展示框可以直观的展示所有的图片。代码 CORE0623、CORE0624 如下,设置样式前效果如图 6.16 所示。

代码 CORE0623 资源界面 wxml

```
<view class="re-view">
    <view class="re-view-view">
        <image class='re-view-image1' src="../../images/img.png"></image>
        <span> 图片库 </span>
        <image class='re-view-image2' bindtap="actionSheetTap" src="../../images/add.png"></image>
    </view>
    <scroll-view class="recommend_scroll_x_box" scroll-x="true">
        <view class="recommend_hot_box">
            <image wx:for="{{imgUrls}}" wx:key="{{index}}" id="{{index}}" src="{{item.url}}" bindtap="previewImage" class="recommend_hot_image"></image>
        </view>
    </scroll-view>
</view>
<view class="re-view1">
    <view class="re-view1-view">
        <image class="re-view1-image1" src="../../images/img.png" ></image>
        <span> 图片库 </span>
        <image class="re-view1-image2" bindtap="actionSheetTap" src="../../images/add.png"></image></view>
    <view>
        <image class="re-view1-image" wx:for="{{imgUrls}}" wx:key="{{index}}" id="{{index}}" bindtap="previewImage1" src="{{item.url}}"></image>
    </view>
</view>
```

代码 CORE0624 资源界面 js

```
Page({
  data: {
    imgUrls: [
      {
        url: "http://119.29.82.34:8090/FHMYSQL/images/j11.jpg", type: "3", id: "51", level: "zc", cover: "musics/Data-lb1.jpg"
      }, {
        url: "http://119.29.82.34:8090/FHMYSQL/images/j12.jpg", type: "3", id: "52", level: "zc", cover: "musics/Data-lb2.jpg"
      }, {
        url: "http://119.29.82.34:8090/FHMYSQL/images/j13.jpg", type: "3", id: "53", level: "zc", cover: "musics/Data-lb3.jpg"
      }, {
        url: "http://119.29.82.34:8090/FHMYSQL/images/j14.jpg", type: "3", id: "54", level: "zc", cover: "musics/Data-lb4.jpg"
      }, {
        url: "http://119.29.82.34:8090/FHMYSQL/images/j15.jpg", type: "3", id: "55", level: "zc", cover: "musics/Data-lb3.jpg"
      }, {
        url: "http://119.29.82.34:8090/FHMYSQL/images/j16.jpg", type: "3", id: "56", level: "zc", cover: "musics/Data-lb3.jpg"
      }, {
        url: "http://119.29.82.34:8090/FHMYSQL/images/j17.jpg", type: "3", id: "57", level: "zc", cover: "musics/Data-lb4.jpg"
      }, {
        url: "http://119.29.82.34:8090/FHMYSQL/images/j18.jpg", type: "3", id: "58", level: "zc", cover: "musics/Data-lb3.jpg"
      }
    ]
  }
})
```

图 6.16 资源界面设置样式前

设置资源界面的样式,需要设置上传按钮的样式和位置,设置展示图片的大小和排列方式。部分代码如 CORE0625 所示,设置样式后效果如图 6.17 所示。

```
代码 CORE0625 资源界面样式
/* 顶部边框设置 */
page {
  border-top: 1px solid #ccc;
}
/* 上部展示区域样式 */
.re-view {
  border: 1px solid #ccc;
  margin: 20rpx;
  background: #f2f2f2;
}
/* 上部展示区域上部区域设置 */
.re-view-view {
  height: 30px;
  padding: 10px;
  padding-bottom: 0;
  border-bottom: 1px solid #ccc;
```

```css
  margin-bottom: 10px;
}
/* 图标图片样式设置 */
.re-view-image1 {
  width: 50rpx;
  height: 50rpx;
  float: left;
}
/* 添加按钮样式设置 */
.re-view-image2 {
  width: 20px;
  height: 20px;
  float: right;
}
/* 图片横向滚动查看设置 */
.recommend_scroll_x_box {
  width: 100%;
  white-space: nowrap;
  height: 320rpx;
  padding-bottom: 20rpx;
}
.recommend_hot_box {
  width: 66%;
  height: 320rpx;
  margin-right: 24rpx;
  display: inline-block;
}
.recommend_hot_image {
  width: 100%;
  height: 320rpx;
  margin-left: 20rpx;
}
/* 下部展示区域设置 */
.re-view1 {
  border: 1px solid #ccc;
  margin: 20rpx;
  background: #f2f2f2;
}
```

```css
/* 下部展示区域上部样式设置 */
.re-view1-view {
  height: 30px;
  padding: 10px;
  padding-bottom: 0;
  border-bottom: 1px solid #ccc;
}
/* 图片样式设置 */
.re-view1-image1 {
  width: 50rpx;
  height: 50rpx;
  float: left;
}
/* 添加按钮设置 */
.re-view1-image2 {
  width: 20px;
  height: 20px;
  float: right;
}
/* 图片大小、排列设置 */
.re-view1-image {
  width: 20%;
  height: 100px;
  padding: 1%;
  border: 1px solid #ccc;
  margin: 3px;
}
```

项目六 KeepFit 健身资源模块

图 6.17 资源界面设置样式后

第二步：添加图片预览功能，点击列表中的图片进行该图片的预览。部分代码如 CORE0626 所示，效果如图 6.18 所示。

代码 CORE0626 资源界面 js

```
Page({
 data: {
 },
previewImage: function (e) {
  var inde=parseInt(e.currentTarget.id, 10)
  wx.previewImage({
  current: '',
  urls: [this.data.imgUrls[inde].url]
 })
},
previewImage1: function (e) {
  var inde=parseInt(e.currentTarget.id, 10)
  wx.previewImage({
  current: '',
  urls: [this.data.imgUrls[inde].url]
 })
```

```
    }
  })
```

图 6.18 资源界面图片预览效果

第三步:添加上拉菜单功能,点击模块上部添加按钮弹出上拉菜单。部分代码如 CORE0627 所示,效果如图 6.19 所示。

代码 CORE0627 资源界面 js

```
Page({
  data: {
  },
  actionSheetTap: function () {
    wx.showActionSheet({
      itemList: [' 相册 ', ' 拍照 ', ' 视频 '],
      success: function (e) {
        console.log(e.tapIndex)
      }
    })
  }
})
```

项目六 KeepFit 健身资源模块 235

图 6.19 资源界面上拉菜单效果

第四步：添加调取相册功能，点击相册访问设备相册。部分代码如 CORE0628 所示，效果如图 6.20 所示。

代码 CORE0628 资源界面 js

```
Page({
 data: {
 },
 actionSheetTap: function () {
  wx.showActionSheet({
   itemList: [' 相册 ', ' 拍照 ', ' 视频 '],
   success: function (e) {
    console.log(e.tapIndex)
    if (e.tapIndex == 0) {
     // 访问相册
     wx.chooseImage({
      sourceType: ['album'],
      sizeType: ['original', 'compressed'],
      count: 1,
```

```
        success: function (res) {
          console.log(res)
          wx.showModal({
            content: res.tempFilePaths,
            confirmText: " 确定 ",
            cancelText: " 取消 "
          })
        }
      })
    }
  })
}
})
```

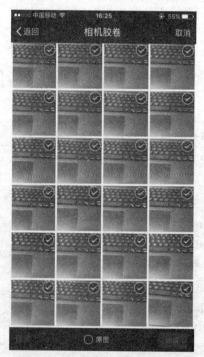

图 6.20 资源界面访问相册效果

第五步：添加拍照功能，点击拍照调取相机进行拍照。部分代码如 CORE0629 所示，效果如图 6.21 所示。

代码 CORE0629 资源界面 js

```js
Page({
  data: {
  },
  actionSheetTap: function () {
    wx.showActionSheet({
      itemList: ['相册', '拍照', '视频'],
      success: function (e) {
        console.log(e.tapIndex)
        if (e.tapIndex == 1) {
          // 拍照
          wx.chooseImage({
            sourceType: ['camera'],
            sizeType: ['original', 'compressed'],
            count: 1,
            success: function (res) {
              console.log(res)
              wx.showModal({
                content: res.tempFilePaths,
                confirmText: "确定",
                cancelText: "取消"
              })
            }
          })
        }
      }
    })
  }
})
```

图 6.21 资源界面拍照效果

第六步：添加录制视频功能，点击视频调用设备摄像头进行视频录制。部分代码如 CORE0630 所示，效果如图 6.22 所示。

代码 CORE0630 资源界面 js

```
Page({
  data: {
  },
  actionSheetTap: function () {
    wx.showActionSheet({
      itemList: ['相册', '拍照', '视频'],
      success: function (e) {
        console.log(e.tapIndex)
        if (e.tapIndex == 2) {
          // 录制视频
          var that = this
          wx.chooseVideo({
            sourceType: ['camera'],
            maxDuration: 60,
            camera: 'back',
            success: function (res) {
              wx.showModal({
```

```
                content: res.tempFilePaths,
                confirmText: " 确定 ",
                cancelText: " 取消 "
            })
          }
        })
      }
    })
  }
})
```

图 6.22 资源界面视频录制效果

至此，KeepFit 资源模块实现完成。

本项目通过学习 KeepFit 健身资源模块，对小程序中弹出框的使用、图片的获取、文件上传和下载等相关知识具有初步的了解，并能够熟练的使用小程序的文件上传下载等相关方法，并具有使用小程序的方法实现其功能的能力。

cancel	取消
confirm	确认
complete	完成
preview	预览
upload	上传
download	下载
call	呼叫
scan	扫描
vibrate	振动

一、选择题

1．微信小程序中实现扫一扫功能的相关接口为（　　）。
A.wx.showActionSheet　　　　　　　B.wx.showModal
C.wx.uploadFile　　　　　　　　　　D.wx.scanCode

2．wx.showLoading 方法显示（　　）状态的消息提示框。
A．成功　　　　B．警告　　　　C．加载　　　　D．失败

3．在微信小程序中预览图片调用的相关接口为（　　）。
A.wx.chooseImage　　　　　　　　　B.wx.priviewImage
C.wx.getImageInfo　　　　　　　　　D.wx.saveImageToPhotosAlbum

4．wx.showModal 不能设置（　　）。
A．是否显示取消按钮　　　　　　　　B．按钮文字内容
C．按钮文字大小　　　　　　　　　　D．按钮文字颜色

5．消息提示框设置透明蒙层的属性为（　　）。
A.mask　　　　B.duration　　　　C.icon　　　　D.image

二、填空题

1．使用 wx.chooseImage 获取图片时选择图片的方式有 _____ 和 _____。

2．实现拨打电话功能需要调用 _____ 接口。

3．微信小程序中调用扫码接口后返回的内容包括扫码的内容、_____、_____ 和 _____。

4．在函数中调用 wx.vibrateLong 会触发设备的 _____ 功能。

5．通过 wx.showToast 显示的消息提示框的图标有两种，分别为 _____ 和 _____。

三、上机题

使用微信开发者工具编写符合以下要求的页面。

要求：使用弹出框相关知识实现以下效果：在页面中添加一个弹出框按钮，点击后出现第二个弹出框页面，再点击确定后出现第三个消息提示框界面。

项目七　KeepFit 健身我的模块实现

通过实现 KeepFit 健身我的模块，了解在小程序中个人信息显示的界面拥有哪些信息，掌握小程序的数据交互和下拉刷新等最常用的功能，并能熟练掌握小程序存储数据的思路及存储流程，具有熟练使用小程序常用功能的能力。在任务实现过程中：
- 了解小程序我的界面信息。
- 掌握小程序的数据交互。
- 掌握小程序的数据存储。
- 具有熟练使用小程序常用功能的能力。

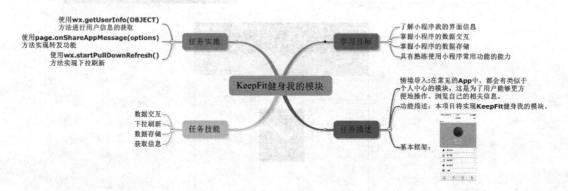

【情境导入】

在常见的 App 中，都会有类似于个人中心的模块，这是为了用户能够更方便地操作、浏览自己的相关信息。因此，研发团队认为在 KeepFit 健身中添加我的模块是非常重要的。在我的模块中，用户能够方便、快速地找到自己选择的训练教程、班级、喜欢的音乐及个人信息等。

本项目主要通过 KeepFit 健身我的模块来学习微信小程序的数据交互与获取信息。

【功能描述】

本项目将实现 KeepFit 健身我的模块。
- 使用 wx.getUserInfo(OBJECT) 方法进行用户信息的获取
- 使用 page.onShareAppMessage(options) 方法实现转发功能
- 使用 wx.startPullDownRefresh() 方法实现下拉刷新

【基本框架】

基本框架如图 7.1、图 7.3 所示。通过本项目的学习，能将框架图 7.1、图 7.3 转换成 KeepFit 我的模块界面，效果如图 7.2、图 7.4 所示。

图 7.1　框架图 1

图 7.2　效果图 1

图 7.3　框架图 2　　　　　　　图 7.4　效果图 2

技能点 1　数据交互

客户端通过 HTTP 向服务端发送请求,服务端接收请求并返回数据,客户端根据返回的数据进行显示。微信小程序中向服务端发送请求需要用到 wx.request(object)方法,在使用该方法时需要添加相关的参数,具体的参数如表 7.1 所示。

表 7.1　方法参数

参　　数	描　　述
url	服务器路径
data	请求时携带的参数
header	请求的 header
method	请求方式
dataType	返回数据的形式

参　　数	描　　述
success	成功时触发
fail	失败时触发
complete	结束时触发

使用 wx.request（object）方法请求数据的效果如图 7.5 所示。

图 7.5　请求数据效果图

为了实现图 7.5 的效果，代码如 CORE0701、CORE0702 所示。

代码 CORE0701　index.wxml

```
<image wx:for="{{arr}}" src='{{item.url}}' style='width:100px;height:100px;padding:10px;'></image>
```

代码 CORE0702　index.js

```
Page({
  data: {
    arr:[]
  },
  onLoad: function () {
```

```
        console.log('onLoad')
        var that = this;
        wx.request({
            url: 'http://192.168.2.112:8080/image', // 接口路径,注意:该接口用于示例说明,不是真实接口
            method: 'GET',
            success: function (res) {
                // 这里就是请求成功后,进行一些函数操作
                console.log(res.data)
                that.setData({
                    arr: res.data,
                    //res 代表 success 函数的事件对,data 是固定的,stories 是上面 json 数据中 stories

                })
            }
        })
    })
```

提示:当我们在开发微信小程序掌握了数据交互的方法后,是否好奇使用 WebService(asp.net)进行数据交互?扫描二维码,会有你想不到的惊喜!

技能点 2　下拉刷新

　　下拉刷新是通过下拉页面达到重新加载、刷新的效果,其加载刷新的过程覆盖在页面上,适用于各种需要内容更新的界面,在小程序中通常以三个点的动态效果显示。当用户获取最新数据后,下拉刷新效果将随即消失。下拉刷新方法如表 7.2 所示。

表 7.2　下拉刷新方法

方　法	描　述
Page.onPullDownRefresh()	监听下拉刷新
wx.startPullDownRefresh()	开始下拉刷新
wx.startPullDownRefresh()	停止下拉刷新

其中,方法的对象参数如表 7.3 所示。

表 7.3　方法对象参数

参　数	描　述
success	成功时触发
fail	失败时触发
complete	结束时触发

使用下拉刷新效果如图 7.6 所示。

图 7.6　下拉刷新

为了实现图 7.6 的效果,代码如 CORE0703、CORE0704、CORE0705 所示。

代码 CORE0703　index.wxml

```
<image src='{{src}}'></image>
<view>
```

```
    <text> 下滑页面即可刷新 </text>
</view>
```

代码 CORE0704 index.json

```json
{
  "enablePullDownRefresh": true,
  "backgroundColor": "#000"
}
```

代码 CORE0705 index.js

```js
Page({
  data:{
    src:"http://img02.tooopen.com/images/20150928/tooopen_sy_143912755726.jpg"
  },
  onPullDownRefresh: function () {
    wx.showToast({
      title: 'loading...',
      icon: 'loading'
    })
    wx.setNavigationBarTitle({
      title: ' 下拉刷新 '
    })
    this.setData({
      src: "https://ss0.bdstatic.com/70cFuHSh_Q1YnxGkpoWK1HF6hhy/it/u=1204995986,2768526926&fm=27&gp=0.jpg"
    })
    wx.showNavigationBarLoading()
    console.log('onPullDownRefresh', new Date())
    setTimeout(function(){

      wx.stopPullDownRefresh({
        complete: function (res) {

          wx.hideToast()
          wx.hideNavigationBarLoading()
          wx.setNavigationBarTitle({
            title: 'Wechat'
```

```
        })
      }
    })

  },3000)
},
onLoad: function () {
  console.log('onLoad')
}
})
```

技能点 3 数据存储

小程序中的数据存储是以键值对的形式把数据保存在一个不同页面都可以使用的存储空间中,适合缓存的数据多为一些静态数据或频繁交互的数据,每个小程序都包含 10M 的本地存储空间。数据存储有利于减少网络请求,从而使程序加载更加流畅。在存储空间中对数据的操作包括添加数据、获取数据、删除数据及清空数据。数据存储方法如表 7.4 所示。

表 7.4 数据存储方法

方法	描述
wx.setStorage(OBJECT)	添加数据(异步)
wx.setStorageSync(KEY,DATA)	添加数据(同步)
wx.getStorage(OBJECT)	获取数据(异步)
wx.getStorageSync(KEY)	获取数据(同步)
wx.getStorageInfo(OBJECT)	获取存储空间数据(包括:key、占用空间大小等)(异步)
wx.getStorageInfoSync()	获取存储空间数据(包括:key、占用空间大小等)(同步)
wx.removeStorage(OBJECT)	删除数据(异步)
wx.removeStorageSync(KEY)	删除数据(同步)
wx.clearStorage()	清除全部数据(异步)
wx.clearStorageSync()	清除全部数据(同步)

其中 wx.setStorage(OBJECT) 方法将数据异步添加本地缓存指定的 key 中,如果本地缓存中含有相同的 key 那么这个 key 将被覆盖,wx.setStorage(OBJECT) 方法包含的对象参数如表 7.5 所示。

表 7.5 方法对象参数

参　　数	描　　述
key	在本地保存数据时的名称
data	存储内容
success	成功时触发
fail	失败时触发
complete	结束时触发

使用 wx.setStorage(OBJECT) 进行数据存储效果如图 7.7 所示。

图 7.7　数据存储

为了实现图 7.7 的效果，代码如 CORE0706、CORE0707 所示。

代码 CORE0706　index.wxml

```
<input type='text' bindblur='value' style='border:1px solid #000;'></input>
<view>{{text}}</view>
```

代码 CORE0707　index.js

```
Page({
  data: {
    text:""
```

```
    },
    value: function (e) {
      console.log(e.detail.value)
      var that=this
      var password = e.detail.value
      wx.setStorage({
        key: "password",
        data: password,
        success:function(res){
          console.log(res)
          if (res.errMsg =="setStorage:ok"){
            console.log("true")
            that.setData({
              text: " 保存成功 "
            })
          } else{
            that.setData({
              text: " 保存失败 "
            })
          }
        }
      })
    },
    onLoad: function () {
      console.log('onLoad')
    }
})
```

wx.getStorageSync(KEY) 方法可以从本地缓存中同步获取数据,获取时需要通过名称进行,wx.getStorageSync(KEY) 方法包含的对象参数如表 7.6 所示。

表 7.6　方法对象参数

参　　数	描　　述
key	在本地保存数据时的名称

使用 wx.getStorageSync(KEY) 进行数据获取效果如图 7.8 所示。
为了实现图 7.8 的效果,代码如 CORE0708、CORE0709 所示。

图 7.8　获取数据

代码 CORE0708　index.wxml
`<view>password:{{text}}</view>` `<button bindtap='getvalue'>` 获取 password 数据 `</button>`

代码 CORE0709　index.js
| ```
Page({
  data: {
    text: ""
  },
  getvalue: function () {
    var that = this
    try {
      var value = wx.getStorageSync('password')
      console.log(value)
      if (value) {
        that.setData({
          text: value
        })
      }
``` |
```

```
    } catch (e) {
     that.setData({
       text: 获取数据失败
     })
    }
  },
  onLoad: function () {
   console.log('onLoad')
  }
})
```

技能点 4　获取信息

1　用户信息

在微信小程序中用户信息指的是进入当前小程序的微信用户的相关信息,包括用户的昵称、头像及所在地区等。获取用户信息的方法是在函数中调用 wx.getUserInfo(OBJECT) 方法,用户信息可在调用成功后执行的 success 函数的 userInfo 参数中获取。需要注意的是,如果小程序未被授予获取信息权限就会弹出一个申请授权的弹出框,选择"允许"后就可以获取用户信息了。wx.getUserInfo(OBJECT) 方法的对象参数如表 7.7 所示。

表 7.7　方法对象参数

参　　数	说　　明
withCredentials	是否包含登录状态
lang	表示用于显示用户信息的语言(默认为 en。zh_CN:简体中文,zh_TW:繁体中文,en:英文)
success	成功时触发
fail	失败时触发
complete	结束时触发

获取用户信息的例子如图 7.9 至图 7.11 所示。

为了实现图 7.9 至图 7.11 效果,代码如 CORE0710、CORE0711 所示。

图 7.9　信息名称

图 7.10　权限设置

图 7.11　获取信息

代码 CORE0710　index.html

```
<button type='primary' bindtap='bindGetUserInfo'> 获取用户信息 </button>
<view> 用户昵称：{{nickName}}</view>
```

```
<view style='display:flex'>
 <view> 用户头像 :</view>
 <image style="width:50px;height:50px;display:inline-block" src="{{avatarUrl}}"/>
</view>
<view> 性别：{{sex}}</view>
<view> 所在国家：{{country}}</view>
<view> 所在省份：{{province}}</view>
<view> 所在城市：{{city}}</view>
```

代码 CORE0711 index.js

```
Page({
 data: {
  nickName: '',
  avatarUrl: '',
  sex: '',
  country:'',
  province: '',
  city: '',
 },
 bindGetUserInfo:function(){
  var that = this;
  wx.getUserInfo({
   lang: 'zh_CN',
   success: function (res) {
    if (res.userInfo.gender === 1) {
     that.setData({
      sex:' 男 '
     })
    } else if (res.userInfo.gender === 2) {
     that.setData({
      sex:' 女 '
     })
    } else {
     that.setData({
      sex:' 未知 '
     })
    }
```

```
        that.setData({
          nickName: res.userInfo.nickName,
          avatarUrl: res.userInfo.avatarUrl,
          country: res.userInfo.country,
          province: res.userInfo.province,
          city: res.userInfo.city
        })
      },
      fail: function () {
        console.log(" 获取失败！")
      },
      complete: function () {
        console.log(" 获取用户信息完成！")
      }
    })
  }
})
```

2 系统信息

微信小程序中可以设置的系统信息包括一些设备信息，比如设备的品牌、型号、屏幕大小等，还有一些与微信客户端相关的信息，比如微信版本号、字体大小等。获取系统信息的方法如表 7.8 所示。

表 7.8　获取系统信息方法

方　　法	说　　明
wx.getSystemInfoSync()	同步获取系统信息
wx.getSystemInfo(OBJECT)	异步获取系统信息

其中，获取系统信息的方法返回的参数如表 7.9 所示。

表 7.9　方法参数

参　　数	说　　明
brand	设备品牌
model	设备型号
pixelRatio	像素比
screenWidth	屏幕宽度
screenHeight	屏幕高度
windowWidth	可使用宽度

续表

参　数	说　明
windowHeight	可使用高度
language	微信语言
version	微信版本号
system	操作系统
platform	平台
fontSizeSetting	设置字体大小

现以异步获取设备信息为例，如图 7.12 所示。

图 7.12　获取设备信息

为了实现如图 7.12 的效果，代码如 CORE0712 所示。

代码 CORE0712　index.js

```
Page({
  onLoad: function (options) {
    wx.getSystemInfo({
      success: function (res) {
        console.log(' 手机品牌为 '+res.brand);
        console.log(' 手机型号为 '+res.model);
        console.log(' 设备像素比为 '+res.pixelRatio);
        console.log(' 屏幕宽度为 '+res.screenWidth);
```

```
            console.log(' 屏幕高度为 '+res.screenHeight);
            console.log(' 可使用窗口宽度为 '+res.windowWidth);
            console.log(' 可使用窗口高度为 '+res.windowHeight);
            console.log(' 微信设置的语言为 '+res.language);
            console.log(' 微信版本号为 '+res.version);
            console.log(' 操作系统版本为 '+res.system);
            console.log(' 客户端平台 '+res.platform);
            console.log(' 用户字体大小设置 '+res.fontSizeSetting);
            console.log(' 客户端基础库版本 '+res.SDKVersion);
        }
    })
},
})
```

3　网络状态

在一些手机 App 中经常会遇到这样的现象：在下载东西或者播放视频时，如果从 WiFi 网络切换成手机网络会停止下载或播放，以防止用户流量的大量损失，这就需要获取网络状态或者监听网络状态变化。小程序中可以通过调用 wx.getNetworkType(OBJECT) 方法获取网络状态，调用 wx.onNetworkStatusChange(CALLBACK) 方法监听网络变化获取网络类型。两个方法共同实现网络状态的获取及监听，效果如图 7.13 至图 7.15 所示。

图 7.13　初始化页面

图 7.14　获取网络类型后

项目七　KeepFit 健身我的模块实现

图 7.15　选择监听网络变化后切换网络

为了实现图 7.13 至图 7.15 效果，代码如 CORE0713、CORE0714 所示。

代码 CORE0713　index.wxml
<button type="primary" bindtap="getNetWorkType"> 获取网络类型 </button> 当前网络为 {{networkType}} <button type="primary" bindtap="onNetworkStatusChange"> 监听网络变化 </button> 网络已连接？{{isConnected}} 网络状态变化为 {{nextnetworkType}}

代码 CORE0714　index.js

Page({
　data: {
　　networkType: '',
　　nextnetworkType: '',
　　isConnected: ''
　},
　// 获取当前网络状态的方法
　getNetWorkType: function () {
　　var _this = this;
　　wx.getNetworkType({
　　　success: function (res) {

```
      _this.setData({
        networkType: res.networkType // networkType 表示获取到的网络的类型
      })
    }
  })
},
// 监听当前网络状态的方法
onNetworkStatusChange: function () {
  var _this = this;
  wx.onNetworkStatusChange(function (res) {
    _this.setData({
      isConnected: res.isConnected, //isConnected 代表网络连接状态，为 true 表示连接
      nextnetworkType: res.networkType
    })
  })
}
})
```

4 登录

小程序的开发与手机软件的开发略有不同，小程序不需要进行登录就可以进入，直接调用微信的登录账号进行验证登录，减少开发者的工作量。调用微信登录方法（wx.login(object)），可以获取唯一标识符以及成功时返回的参数。wx.login(object) 方法包含对象参数如表 7.10 所示。

表 7.10　方法参数

属性	描述
success	成功时触发
fail	失败时触发
complete	结束时触发

wx.login(object) 方法获取到的登录状态是有时效性的，当用户一段时间不使用小程序，用户的登录状态可能失效，而为了减少登录次数，小程序提供了一个方法（wx.checkSession(object)）用于检测用户的登录状态，如果登录状态过期，将重新进行登录。wx.checkSession(object) 方法的对象参数和 wx.login(object) 方法包含的对象参数相同。

使用 wx.login(object) 和 wx.checkSession(object) 方法的效果如图 7.16 所示。

为了实现图 7.16 的效果，代码如 CORE0715、CORE0716 所示。

项目七 KeepFit 健身我的模块实现

图 7.16 获取登录状态效果

代码 CORE0715 index.wxml

<view> 登录状态 :{{text}}</view>
<button bindtap='login'> 获取登录状态 </button>

代码 CORE0716 index.js

```
Page({
  data: {
    text: ""
  },
  login:function(){
    var that = this;
    wx.checkSession({
      success: function () {
        //session 未过期,并且在本生命周期一直有效
        console.log(" 已登录 ")
        that.setData({
          text:" 已登录 "
        })
      },
```

```
      fail: function () {
       // 登录态过期
       wx.login({
         success: function (res) {
          console.log(res)
          if (res.code) {
           // 发起网络请求
           console.log(' 获取用户登录态成功！' + res.code)
           that.setData({
             text: " 已登录 "
           })
          } else {
           console.log(' 获取用户登录态失败！' + res.errMsg)
           that.setData({
             text: " 未登录 "
           })
          }
         }
       });
      }
     })
    },
    onLoad: function () {
     console.log('onLoad')
    }
   })
```

5 转发信息

在很多软件中可以通过网络以各种形式转发文件、图片、网页链接等，在小程序中转发功能主要是依赖 page.onShareAppMessage(options) 函数方法实现的，函数方法的 options 包含参数数如表 7.11 所示。

表 7.11 options 包含参数

参　数	描　述
from	事件来源（button 转发按钮，menu 转发菜单）
target	如果 from 属性值为 button，转发事件被 target 触发

另外，设置转发内容需要用到 return，return 包含的属性如表 7.12 所示。

表 7.12　return 包含属性

属　　性	描　　述
title	标题
path	路径
imageUrl	图片路径
success	成功时触发
fail	失败时触发
complete	结束时触发

使用 page.onShareAppMessage(options) 的实现转发功能的效果如图 7.17 所示。

图 7.17　转发效果

为了实现图 7.17 的效果，代码如 CORE0717 所示。

代码 CORE0717　index.js

```
Page({
  onShareAppMessage: function (res) {
    if (res.from === 'menu') {
      // 来自页面内转发按钮
      console.log(res.target)
    }
    return {
      title: ' 欢迎来到小程序 ',
```

```
      path: '/page/index',
      success: function (res) {
        // 转发成功
        console.log(res)
      },
      fail: function (res) {
        // 转发失败
        console.log(res)
      }
    }
  }
})
```

提示：当我们学会了小程序的发布后，是否好奇使用小程序还需要知道哪些知识？扫描二维码，会有你想不到的惊喜！

 任 务 实 施

通过下面 11 个步骤操作，实现图 7.2 和图 7.4 所示的 KeepFit 健身我的模块界面及对应的功能。

第一步：我的界面的制作。

我的界面主要由上部的头像、名称、账号和下部的列表组成，其中，头像、名称通过微信号获取。代码 CORE0718、CORE0719 如下，设置样式前效果如图 7.18 所示。

代码 CORE0718 我的界面 wxml

```
<view class="main">
  <!-- <view class="top">IMINE</view> -->
  <view class="head">
    <view class="ed">
      <navigator url="url">
```

```
        <view class="edit">
            <image class="swiper-item" src="../../images/gengduo.png" mode="aspectFill" bindtap="actionSheetTap"></image>
        </view>
      </navigator>
    </view>
    <view class="touxiang">
      <image src="{{userInfo.avatarUrl}}" mode="aspectFit"></image>
    </view>
    <view class="mess">
      <text class="mes"> 昵称：123</text>
      <!-- {{userInfo.nickName}} -->
    </view>
    <view class="mess">
      <text class="mes"> 账号：{{account}}</text>
    </view>
  </view>
  <view class='items' wx:for='{{arr}}' bindtap='{{item.id}}'>
    <view class="tubiao t1">
      <image class="swiper-item" src="{{item.imgSrc}}" mode="aspectFit"></image>
    </view>
    <text id='{{item.id}}'>{{item.text}}</text>
    <view class="dayu"></view>
  </view>
</view>
```

代码 CORE0719 我的界面 js

```
Page({
  data: {
    hasLocation: false,
    account:'xz',
    imgSrc: '../../images/yonghufill.png',
    arr:[
      {
        imgSrc:'../../images/i.png',
        text:' 我的训练 ',
        id: 'train'
      },
```

```
    {
      imgSrc: '../../images/face.png',
      text: ' 基本信息 '
    },
    {
      imgSrc: '../../images/music.png',
      text: ' 我的音乐 '
    },
    {
      imgSrc: '../../images/love.png',
      text: ' 我的教师 '
    },
    {
      imgSrc: '../../images/setting.png',
      text: ' 设置 ',
      id:'setting'
    }
  ]
 }
})
```

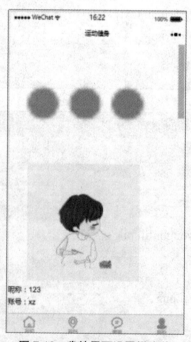

图 7.18 我的界面设置样式前

设置我的界面的样式，需要设置头像的大小、位置并添加圆角样式；设置昵称账号的字体样式和位置排列。列表部分需要设置列表中图标图片的大小、位置，对列表项添加下边框。部分代码 CORE0720 如下所示，设置样式后效果如图 7.19 所示。

```css
代码 CORE0720 我的界面样式
/* 最外层 view 大小 */
.main{
 width: 100%;
 height: 100%;
}
.head{
 width: 100%;
 height: 500rpx;
 background: #e0c0a1;
}
/* 头像上方 view 的大小位置 */
.ed{
 width: 100%;
 display: flex;
 justify-content: flex-end;
 align-items: center;
 height: 80rpx;
}
/* 图片容器的大小 */
.edit{
 height: 60rpx;
 width: 60rpx;
}
/* 跳转标签样式设置 */
.ed navigator{
 height: 100%;
 display: flex;
 align-items: center;
 margin-right: 30rpx;
}
/* 图标图片大小 */
.swiper-item{
 width: 50rpx;
```

```css
  height: 95rpx;
}
/* 头像容器大小、位置设置 */
.touxiang{
  width: 200rpx;
  margin:0rpx auto;
}
/* 头像图片大小 */
.touxiang image{
  width: 200rpx;
  height: 200rpx;
  border-radius: 50%;
}
/* 昵称容器设置 */
.mess{
  display: flex;
  justify-content: center;

}
/* 昵称字体样式设置 */
.mes{
  margin-top: 30rpx;
  height: 30rpx;
  display: block;
  color: #fff;
}
/* 列表容器设置 */
.items{
  width: 100%;
  height: 100rpx;
  border-bottom: 1px solid #999;
  line-height: 100rpx;
  display: flex;
  align-items: center;justify-content:space-between;
}
/* 图标图片设置 */
.tubiao{
  width: 50rpx;
```

```
    height: 100%;
    display: inline-block;
    margin-left: 50rpx;
}

.items text{
  margin-left:-400rpx;
}
#sz{
  margin-left: -452rpx;
}
.dayu{
  padding-right: 30rpx;
}
```

图 7.19 我的界面设置样式后

第二步：进行头像、昵称获取。部分代码如 CORE0721 所示。

代码 CORE0721 mine.js
Page({   data: {

```
    }
    // 获取用户信息
    getUserInfo: function () {
      var that = this
      if (app.globalData.hasLogin === false) {
        wx.login({
          success: _getUserInfo
        })
      } else {
        _getUserInfo()
      }

      function _getUserInfo() {
        wx.getUserInfo({
          success: function (res) {
            that.setData({
              userInfo: res.userInfo
            })
            that.update()
          }
        })
      }
    },
    onLoad: function (options) {
      this.getUserInfo();
    }
  })
```

第三步：添加上拉菜单功能，点击右上角图片后，弹出上拉菜单。部分代码如 CORE0722 所示，效果如图 7.20 所示。

代码 CORE0722　mine.js

```
Page({
  data: {

  },
  actionSheetTap: function () {
```

```
    var _that = this;
    wx.showActionSheet({
      itemList: [' 扫一扫 ', ' 查看当前位置 '],
      success: function (e) {
        console.log(e.tapIndex)
      }
    })
  }
})
```

图 7.20　我的界面上拉菜单效果

第四步:进行我的界面扫一扫功能的添加,点击扫一扫进行扫描二维码功能。部分代码如 CORE0723 所示,效果如图 7.21 所示。

```
代码 CORE0723　mine.js
Page({
  data: {

  },
  actionSheetTap: function () {
    var _that = this;
```

```
      wx.showActionSheet({
        itemList: ['扫一扫',' 查看当前位置 '],
        success: function (e) {
          console.log(e.tapIndex)
    if (e.tapIndex===0){
          wx.scanCode({
            success: function (res) {
             _that.setData({
               result: res.result
             })
              console.log(res.path);
              console.log(111);
              console.log(res.result);
              wx.navigateTo({
                url: res.path,
              })
              wx.showModal({
                content: res.result,
                confirmText: " 确定 ",
                cancelText: " 取消 "
              })
            },
            fail: function (res) {
            }
          })
        }
      }
    })
  }
})
```

项目七 KeepFit 健身我的模块实现 273

图 7.21 我的界面扫描二维码效果

第五步：进行我的界面地图定位功能的添加，点击查看当前位置进入地图界面进行位置的查看。部分代码如 CORE0724 所示，效果如图 7.22 所示。

代码 CORE0724　mine.js
```
Page({
  data: {

  },
  actionSheetTap: function () {
    var _that = this;
    wx.showActionSheet({
      itemList: ['扫一扫', '查看当前位置'],
      success: function (e) {
        console.log(e.tapIndex)
        if (e.tapIndex === 1){
          _that.chooseLocation();
        }
      }
    })
  },
```

```
chooseLocation: function () {
  var that = this
  wx.chooseLocation({
    success: function (res) {
      console.log(res)
      that.setData({
        hasLocation: true,
        location: formatLocation(res.longitude, res.latitude),
        locationAddress: res.address
      })
    }
  })
}
```

图 7.22 我的界面地图定位效果

第六步:创建训练分类界面,并进行配置。

第七步:添加跳转,点击列表中的我的训练时进入训练分类界面。部分代码如 CORE0725 所示。

项目七 KeepFit 健身我的模块实现

代码 CORE0725 mine.js

```
Page({
  data: {

  },
  train:function(){
    wx.navigateTo({
      url: '../train/train',
    })
  }
})
```

第八步：创建设置界面，并进行配置。
第九步：添加跳转，点击列表中的设置时进入设置界面。部分代码如 CORE0726 所示。

代码 CORE0726 mine.js

```
Page({
  data: {

  },
  setting:function(){
    wx.navigateTo({
      url: '../setting/setting',
    })
  }
})
```

第十步：设置界面的制作。

设置界面主要由上部的头像和更换头像按钮，下部的功能列表组成。代码 CORE0727、CORE0728 如下，设置样式前效果如图 7.23 所示。

代码 CORE0727 设置界面 wxml

```
<!--pages/setting/setting.wxml-->
<view class="photo unline topline">
  <view class="photoo">
    <image src='{{bgUrl}}' mode='aspectFit' class='swiper-item'></image>
  </view>
  <navigator url="{{url}}"> 更换头像 </navigator>
</view>
```

```
    <view class="mid">
     <view class="pho item" wx:for="{{arr}}">
      <view class="lf inlineblock">
       <view class="pic inlineblock ico">
        <image class="ico" src="{{item.imgSrc1}}" mode="aspectFit"></image>
       </view>
       <text>{{item.text1}}</text>
      </view>
      <view class="rt inlineblock"></view>
     </view>
    </view>
    <view class="mid">
         <view class="pho item" wx:for="{{arr2}}" bindtap='{{item.cla}}' open-type="share">
      <view class="lf inlineblock">
       <view class="pic inlineblock ico">
        <image class="ico" src="{{item.imgSrc2}}" mode="aspectFit"></image>
       </view>
       <text>{{item.text2}}</text>
      </view>
      <view class="rt inlineblock"></view>
     </view>
    </view>
    <button class="btn" bindtap='toLogin'> 退出当前账号 </button>
    <button class="btnull" open-type="share">fenxiang</button>
```

代码 CORE0728 设置界面 js

```
Page({
 data: {
  bgUrl:'../../images/yonghufill.png',
  arr:[
    {
     imgSrc1: '../../images/phoneblack.png',
     text1:' 手机号码 ',
     cla: 'sjhm'
    },
    {
```

```
        imgSrc1: '../../images/blockblack.png',
        text1: ' 更改密码 ',
        cla: 'ggmm'
      }


    ],
    arr2: [
      {
        imgSrc2: '../../images/i.png',
        text2: ' 个人信息 ',
        cla:'grxx'
      },
      {
        imgSrc2: '../../images/banbenblack.png',
        text2: ' 版本信息：0.0.1',
        cla: 'bbxx'
      },
      {
        imgSrc2: '../../images/banbenblack.png',
        text2: ' 联系我们：1234567890',
        cla: 'lxwm'
      },
      {
        imgSrc2: '../../images/banbenblack.png',
        text2: ' 分享软件 ',
        cla: 'fxrj'
      }
    ]
  }
})
```

图 7.23　设置界面设置样式前

制作设置界面的样式，需要设置头像的大小、位置；设置更换头像按钮的样式、位置；列表部分需要设置图标图片的大小、位置，还有列表的高度也需要设置。部分代码如 CORE0729 所示，设置样式后效果如图 7.24 所示。

代码 CORE0729　设置界面 wxss

```
/* 背景颜色设置 */
page{
  background-color: #f2f2f2;
}
/* 上部背景设置 */
.mid,.photo{
  background-color: #fff;
}
/* 上部区域大小设置 */
.photo{
  width: 100%;
  height: 250rpx;
  display: flex;
  justify-content: space-around;
  align-items: center;
}
```

```css
/* 图片框的设置 */
.photoo{
 width: 200rpx;
 height: 200rpx;
 display: inline-block;
 border-radius: 50%;
}
/* 更换头像按钮设置 */
.photo navigator{
 text-decoration: underline;
 color: #23527c;
}
/* 图片大小 */
.swiper-item{
 width: 200rpx;
 height: 200rpx;
}
/* 上部区域底边框设置 */
.unline{
 border-bottom: 1px solid #999;
}
/* 上部区域上边框的设置 */
.topline{
 border-top: 1px solid #999;
}
/* 列表设置 */
.inlineblock{
 display: inline-block;
}
/* 中部列表设置 */
.mid{
 margin-top: 50rpx;
 margin-bottom: 50rpx;
 border-top: 1px solid #999;
}
/* 图标图片设置 */
.ico{
 width: 50rpx;
```

```css
  height: 50rpx;
}
/* 图片容器设置 */
.pic{
  margin-left: 26rpx;
}
/* 列表文字样式 */
.lf text,.rt text{
  margin-left: 20rpx;
}
.rt{
  margin-right: 20rpx;
}
/* 下部列表设置 */
.item{
  display: flex;
  align-items: center;
  justify-content: space-between;
  height: 80rpx;
  border-bottom: 1px solid #999;
}、
.lf{
  display: flex;
  align-items: center;
  justify-content: flex-start;
  margin-left: 40rpx;
}
/* 按钮样式设置 */
.btn{
  background-color: #4b8bf4;
  color: #fff;
}
.btnull{
  position: fixed;
  bottom:348rpx;
  width: 100%;
  opacity: 0;
}
```

图 7.24 设置界面设置样式后

第十一步：拨打电话功能的设置，点击联系我们列表进行拨打电话功能的调用。部分代码如 CORE0730 所示，效果如图 7.25 所示。

代码 CORE0730 设置界面 js

```
Page({
  data: {

  },
  lxwm:function(){
    this.makePhoneCall();
  },
  makePhoneCall: function () {
    wx.makePhoneCall({
      phoneNumber: '10086',
      success: function () {
        console.log(" 成功拨打电话 ")
      }
    })
  }
})
```

图 7.25 设置界面拨打电话效果

至此，KeepFit 健身我的模块实现。

本项目通过学习 KeepFit 健身我的模块，对小程序我的模块拥有哪些信息有所了解，能够对小程序的数据交互、下拉刷新、数据存储、获取设备或个人信息有所掌握，能够使用小程序数据存储的功能与后台进行交互。

request	请求
method	方法
pulldown	下拉
sync	同步
userinfo	用户信息
platform	平台
pixel	像素
login	登录
share	分享

一、选择题

1. 每个小程序都包含（　　）的本地存储空间。
   A.1M B.5M C.10M D.20M
2. 在获取用户信息时若要返回到简体中文的用户信息，需要将 lang 参数设置为（　　）。
   A.en B.zh_CN C.zh_TW D.ge
3. 在微信小程序的本地存储空间中同步添加数据的方法为（　　）。
   A.wx.getSystemInfo　　　　　　　B.wx.getSystemInfoSync
   C.wx.getUserInfo　　　　　　　　D.wx.setStorageSync
4. 微信小程序中使用 wx.request 方法发送请求返回的数据类型默认为（　　）格式。
   A.json B.string C.number D.function
5. 使用 wx.getSystemInfo 能获取到的设备信息不包括（　　）。
   A. 设备品牌与型号　　　　　　　B. 像素比
   C. 微信的语言与版本号　　　　　D. 连接的网络类型

二、填空题

1. 一般以 Sync 结尾的方法为 _____ 方法。
2. 若要实现转发功能可以在 Page 中添加 _____ 方法。
3. 存储空间中对数据的操作包括 _____、_____、_____ 和 _____。
4. 使用 wx.request 请求数据的方法有 _____、_____ 等。
5. 通过 wx.getStorageInfo 获取到的存储空间数据包括 _____、_____ 等。

三、上机题

使用微信开发者工具编写符合以下要求的页面。

要求：获取到用户信息同时渲染到页面并保存到本地存储空间中。

项目八 KeepFit 健身我的训练模块

通过实现 KeepFit 健身我的训练模块,了解整个微信小程序开发的流程和基本思路,学习微信小程序的发布和在公众号中绑定小程序的相关操作,掌握小程序的发布流程和注意事项,具有发布小程序的能力。在任务实现过程中:

- 了解小程序开发流程。
- 掌握小程序的发布步骤。
- 掌握小程序在公众号中绑定流程。
- 具有制作和发布小程序的能力。

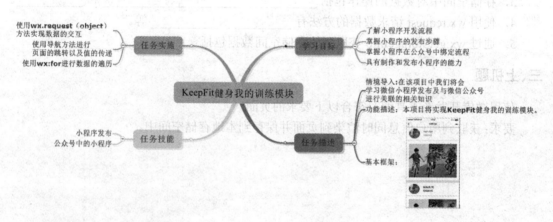

【情境导入】

至此,KeepFit 健身项目的程序制作基本完成。但目前只是开发者通过扫描二维码在设备上预览,若要让其他用户搜索并使用到 KeepFit 健身项目还需要有上传、审核、发布的过程。

本项目主要通过 KeepFit 健身项目来学习微信小程序的发布与如何绑定到公众号中。

【功能描述】

本项目将实现 KeepFit 健身我的训练模块。
- 使用 wx.request（object）方法实现数据的交互
- 使用导航方法进行页面的跳转以及值的传递
- 使用 wx:for 进行数据的遍历

【基本框架】

基本框架如图 8.1 所示，通过本项目的学习，能将框架图 8.1 转换成 KeepFit 我的训练界面，效果如图 8.2 所示。

图 8.1　框架图

图 8.2　效果图

技能点 1　小程序发布

小程序开发完成后，想要让更多的人了解我们所做的应用，想要让更多的人使用我们的应用，那么我们需要对小程序进行发布，小程序的发布流程如下。

（1）在小程序发布之前，我们需要进行小程序预览，预览之后再进行发布，在预览的时候可以查看错误以及小程序的体验是否良好。点击图 8.3 中预览按钮实现小程序的预览。

图 8.3　小程序开发工具预览按钮效果图

注意：想要实现小程序的预览，创建项目时必须填入开发者的 AppID。

（2）使用微信扫描预览之后出现的二维码进入小程序，等待加载完成后，就可以使用小程序了，效果如图 8.4 所示。

图 8.4　小程序效果图

(3)点击小程序右上角弹出如图 8.5 所示效果。

图 8.5　设置调试效果图

(4)当点击打开调试按钮之后,会出现如图 8.6 所示的 vConsole 按钮。

图 8.6　移动端调试打开效果图

（5）点击 vConsole 按钮出现控制台，可以查看 console 打印出的信息，效果如图 8.7 所示。

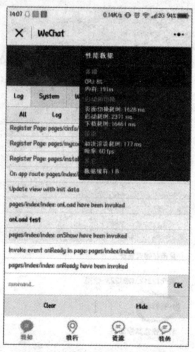

图 8.7　移动端控制台效果图

（6）当小程序预览调试没有问题了，就可以选择将小程序上传到微信平台进行申请，可以点击开发工具中的上传按钮，之后弹出提示框，选择确认，效果如图 8.8 所示。

图 8.8　小程序开发工具上传按钮效果图

(7)当点击确认后弹出版本输入框和备注框,输入版本号和备注框之后点击上传按钮弹出上传成功,说明小程序已经上传成功,效果如图 8.9 所示。

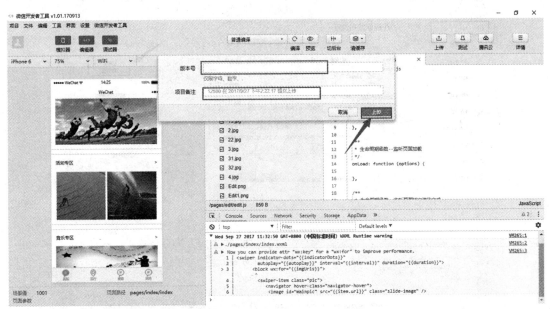

图 8.9　小程序开发工具上传输入信息效果图

(8)上传成功后我们登录微信公众平台点击开发管理进行查看,当看到开发版本部分有内容后就可以着手进行审核的提交了,效果如图 8.10 所示。

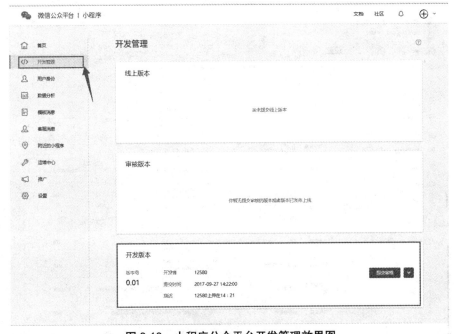

图 8.10　小程序公众平台开发管理效果图

(9)在小程序提交审核之前需要进行信息的补充和配置服务器域名,其中补充基本信息效果如图 8.11 所示。

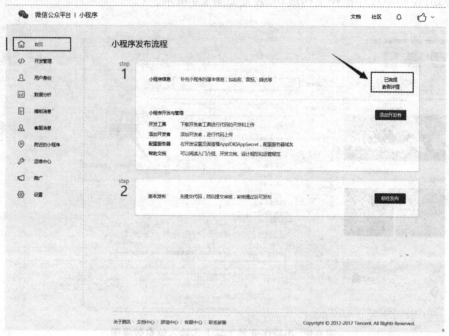

图 8.11　小程序公众平台信息补充提示效果图

当显示已完成时将不需要再进行补充，否则点击右侧方块区域进入信息界面进行信息补充，效果如图 8.12 所示。

图 8.12　小程序公众平台信息补充效果图

在信息补充完毕之后,如果项目中用到了服务器,那么我们需要进行服务器的配置,效果如图 8.13 所示。

图 8.13 小程序公众平台服务器配置效果图

点击图中的开始配置按钮,弹出服务器配置界面,根据要求填写域名,服务器配置界面如图 8.14 所示。

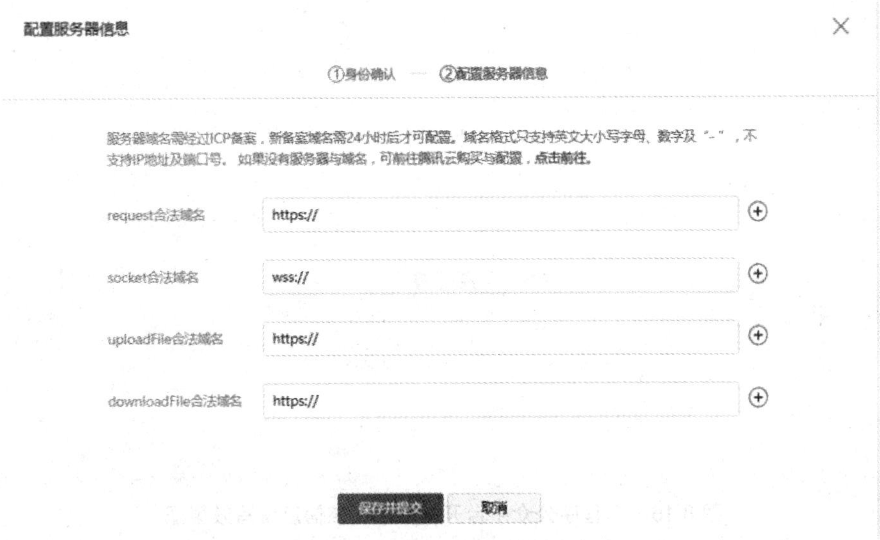

图 8.14 小程序公众平台服务器配置填写效果图

(10)上述信息填写完成之后,进入开发管理界面,效果如图 8.15 所示。

图 8.15 小程序公众平台开发版本显示效果图

（11）点击提交审核按钮，进入提交审核界面进行信息填写，效果如图 8.16 所示。

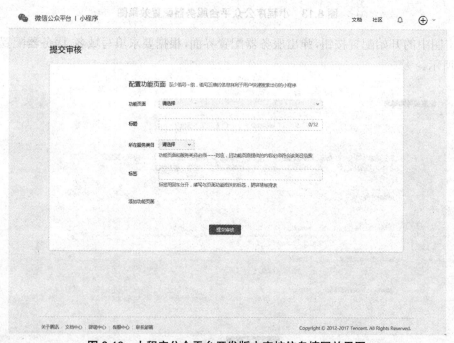

图 8.16 小程序公众平台开发版本审核信息填写效果图

（11）将提交审核界面信息填写完成后，点击提交审核按钮，提交成功后进入开发管理界面可以看到审核版本区域出现内容，效果如图 8.17 所示。

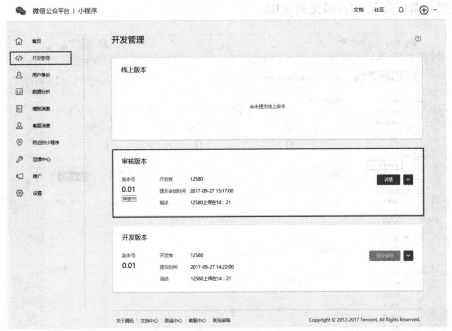

图 8.17 小程序公众平台开发版本审核提交后效果图

（12）耐心等待 2-3 个工作日小程序审核通过后，进入开发管理界面进行小程序发布即可。至此，小程序就发布成功了，我们可以在微信中发现页面的小程序中进行搜索并使用。

提示：微信小程序是个无处不在的产品，已经给我们的生活带来新的变化，扫描图中二维码，你将了解到小程序更多神奇之处！

技能点 2 公众号中的小程序

小程序除了发布在微信的小程序功能中，还可以将微信小程序绑定在微信公众号中供用户进行使用，接下来我们说明怎么在公众号中添加小程序。

(1)登录微信公众平台,参见图8.18。

图8.18 登录公众平台效果图

(2)点击小程序管理进入小程序管理界面参见图8.19。

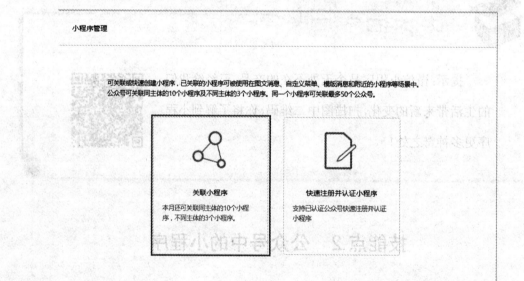

图8.19 小程序管理界面

(3)点击关联小程序并进行验证进入关联小程序界面,参见图 8.20。

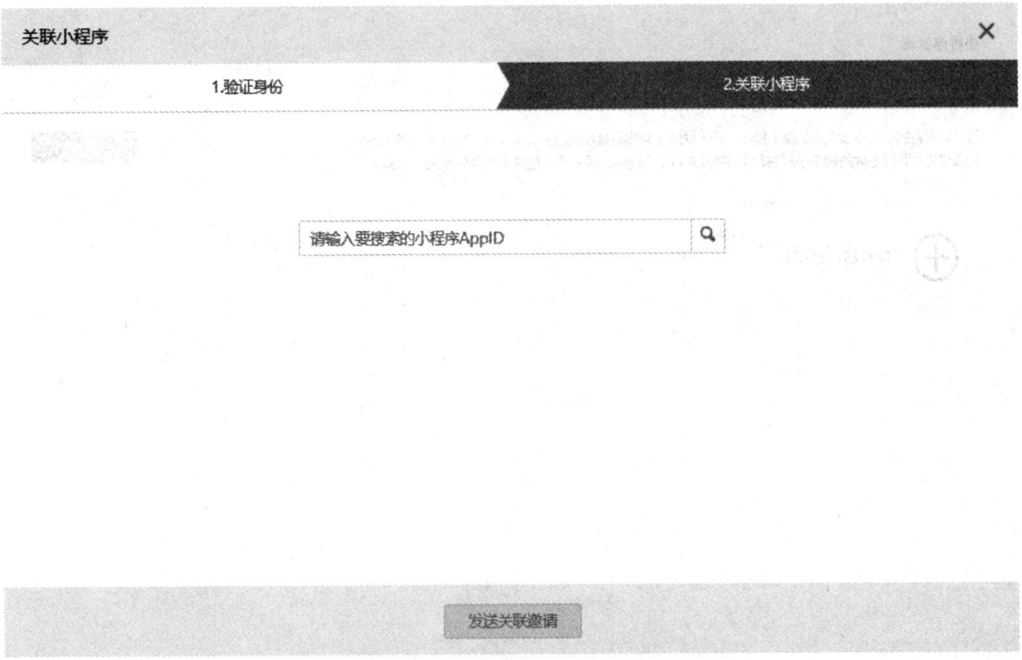

图 8.20 小程序 AppID 搜索

(4)输入小程序的 AppID 并进行搜索,参见图 8.21。

图 8.21 关联小程序页面

（5）点击发送关联邀请按钮后进入小程序管理界面，效果如图8.22所示。

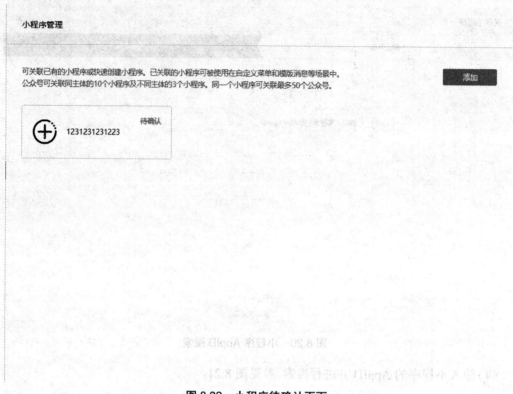

图8.22　小程序待确认页面

（6）通过刚刚用于登录的手机微信端的公众平台安全助手提示的确认关联信息进行确定之后就可以看到待确认变成了已关联，之后就可以进行公众号的添加，效果如图8.23所示。

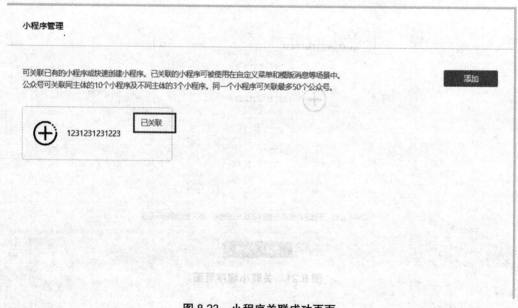

图8.23　小程序关联成功页面

（7）点击自定义菜单进入自定义菜单界面，效果如图 8.24 所示。

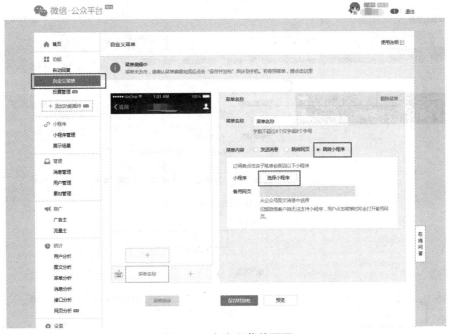

图 8.24　自定义菜单页面

（8）选择跳转到小程序，之后点击选择小程序，弹出小程序选择页面，效果如图 8.25 所示。

图 8.25　选择小程序页面

（9）选择想要嵌入的微信小程序，点击确认进行关联，参见图8.26。

图 8.26　嵌入小程序页面

（10）完善子菜单设置，点击保存并发布按钮，之后进入公众号点击子菜单就可以进入小程序。

至此，微信小程序嵌入微信公众平台就完成了。

快来扫一扫！

提示：有些时候事情的表面并不是它实际应该的样子，如果有信念并坚信付出总会得到回报，你会发现想要的都会得到。扫描二维码，你将得到不一样的东西！

项目八　KeepFit 健身我的训练模块

通过下面十二个步骤的操作,实现 KeepFit 健身我的训练模块前台和后台的数据交互。

第一步:进入我行模块班级详情界面点击"点击报名"按钮将班级信息存入数据库,并在训练分类界面进行获取,当数据库中存在该信息时返回 false,提示报名失败,当没有时返回 true,提示报名成功。代码如 CORE0801 所示,效果如图 8.79 所示。

代码 CORE0801　班级详情界面 js

```
Page({
  data: {

  },
  myclass: function (event) {
    console.log(event);
    var that=this;
    var classe = this.data.imgUrls[0].classe;
    var pic = this.data.imgUrls[0].pic;
    var video = this.data.imgUrls[0].video;
    var id = this.data.imgUrls[0].id;
    wx.request({
      url: 'http://192.168.2.109:8080/addclass', // 这里填写你的接口路径
      method: 'GET',
      data: {// 这里写你要请求的参数
        classe: classe,
        pic: pic,
        video: video,
        id: id,
      },
      success: function (res) {
        console.log(res.data.data)
        if (res.data.data){
          wx.showModal({
            content: " 报名成功 ",
            confirmText: " 确定 ",
            cancelText: " 取消 "
          })
        } else{
```

```
      wx.showModal({
        content: " 报名失败 ",
        confirmText: " 确定 ",
        cancelText: " 取消 "
      })
    }
  }
 })
}
})
```

图 8.27 效果图

第二步：训练分类界面的制作。

训练分类界面主要由上部的班级头像、名称和下部的班级图片组成，界面数据通过接口从后台获取。代码如 CORE0802、CORE0803 所示，设置样式前效果如图 8.28 所示。

代码 CORE0802 训练分类界面 wxml

```
<view class="main">
  <view class="bar"></view>
    <view class="items" wx:for="{{arr}}" wx:key="{{index}}" id="{{index}}" bind-tap='toMyviewlist'>
```

```
  <view class="top">
    <view class="photo">
    <image class="swiper-item2" src="{{item.pic}}" mode="aspectFill"></image>
    </view>
    <view class="description">
      <view class="top-t">{{item.classe}}</view>
      <view class="top-b">{{item.classe}}</view>
    </view>
  </view>
    <view class="pic"><image class="swiper-item" src="{{item.pic}}" mode="aspect-Fill"></image></view>
   </view>
  </view>
```

代码 CORE0803 训练分类界面 js

```
Page({
 data: {
  arr:[]
 },
 onLoad: function (options) {
  var that=this;
  wx.request({
   url: 'http://192.168.2.109:8080/class', // 这里填写你的接口路径
   method: 'GET',
   success: function (res) {
    // 这里就是请求成功后，进行一些函数操作
    console.log(res.data)
    that.setData({
     arr: res.data
    })
   }
  })
 }
})
```

图 8.28　训练分类界面设置样式前

设置训练分类界面的样式,上部需要设置班级头像的大小、位置并添加圆角样式;设置班级名称字体大小和位置排列。下部需要设置班级展示图片的大小、位置。部分代码如 CORE0804 所示,设置样式后效果如图 8.29 所示。

```
代码 CORE0804 训练分类界面样式
/* 背景颜色设置 */
.main{
 height: 100%;
 width:100%;
 background-color: #efeff4;
}
/* 上部阴影效果设置 */
.bar{
 width: 100%;
 border-top: 3px solid #dddddd;
 z-index:10;
 position:fixed;
 left:0px;
 top:0px;
 box-shadow: 0px 0px 8px #b6b6ba;
```

```css
}
/* 整个内容区域的大小、阴影、背景和边框的设置 */
.items{
  height: 800rpx;
  width: 100%;
  background-color: #fff;
  border-radius: 0 5rpx 5rpx 0;
  box-shadow: 0px 0px 16px #b6b6ba;
  box-shadow: 0px 0px -16px #b6b6ba;
  margin-bottom: 30rpx;
}
/* 上部大小样式设置 */
.top{
  width: 100%;
  height: 200rpx;
  display: flex;
  align-items: center;
  justify-content: flex-start;
  border-bottom: 3px solid #dddddd;
}
/* 班级名称位置设置 */
.description{
  margin-left: 50rpx;
  width:60%;
}
/* 班级头像设置 */
.photo{
  width: 150rpx;
  height: 150rpx;
  border-radius: 50%;
  background-size: cover;
  background-repeat: no-repeat;
  margin-left: 40rpx;
}
/* 班级名称设置 */
.top-t{
  font-size: 34rpx;
}
```

```css
/* 班级简介设置 */
.top-b{
  height: 50rpx;
  width: 100%;
  white-space:nowrap;
  text-overflow:ellipsis;
  -o-text-overflow:ellipsis;
  overflow: hidden;
}
/* 下部班级展示图片容器设置 */
.pic{
  width: 90%;
  height: 64%;
  margin-left: 5%;
  margin-top: 5%;
  background-size: corver;
}
/* 班级头像设置 */
.swiper-item2{
  height: 100%;
  width:100%;
  border-radius: 50%;
}
/* 班级展示图片设置 */
.swiper-item{
  width: 100%;
  height: 100%;
}
```

第三步：创建班级视频列表界面并进行配置。

第四步：在训练分类界面进行跳转功能添加，点击班级进入班级视频列表界面，并将训练分类界面班级 id 传递到班级视频列表界面。代码如 CORE0805 所示。

第五步：班级视频列表界面的制作。

班级视频列表界面主要由列表组成，列表每一项的上部分是小节，下部是视频的图片、名称、价格等信息内容。其中，界面数据通过接口从后台获取。代码如 CORE0806、CORE0807 所示，设置样式前效果如图 8.30 所示。

图 8.29　训练分类界面设置样式后

代码 CORE0805　训练分类界面 js

```
Page({
  data: {
    arr:[]
  },
  toMyviewlist(e){
    // console.log(e)
    console.log(e.currentTarget.id);
    var id = this.data.arr[e.currentTarget.id].id;
    console.log(id);
    wx.navigateTo({
      url: '../myviewlist/myviewlist?id='+id,
```

        })
    }
})
```

**代码 CORE0806 班级视频列表界面 wxml**

```xml
<view class="items" wx:for="{{arr}}">
  <view class="top">
    <text wx:key="{{index}}"> 第 {{index+1}} 小节 </text>
  </view>
  <view class="bottom">
    <view class="b-l">
      <image class="pic" src="{{item.img}}" mode="aspectFill"></image>
    </view>
    <view class="b-r">
      <text class="description">{{item.name}}</text>
      <text class="description2">{{item.text}}</text>
      <view class='b-b'>
        <text class="value"> 价格：{{item.price}}</text>
        <text class='play' bindtap='toPlay' wx:key="{{index}}" id="{{index}}"> 播放 </text>
      </view>
    </view>
  </view>
</view>
```

代码 CORE0807 班级视频列表 js

```js
Page({
  data: {
    arr: [],
    title:[]
  },
  onLoad: function (options) {
// 获取上一界面传递过来的 id 值
    this.setData({
      title: options.id
    })
    console.log(this.data.title)
    var that = this;
```
```

```
wx.request({
  url: 'http://192.168.2.109:8080/checkclass', // 这里填写你的接口路径
  // url: 'https://liaolongjun.duapp.com/ace/https.do',
  method: 'GET',
  data: {// 这里写你要请求的参数
    id: options.id
  },
  success: function (res) {
    // 这里就是请求成功后,进行一些函数操作
    console.log(res.data.data)
    that.setData({
      arr: res.data.data,
    })
  }
})
```

图 8.30　班级视频列表界面设置样式前

设置班级视频列表界面的样式,需要设置视频列表的大小,小节内容的位置,文字、图片的大小和位置。部分代码如 CORE0808 样式后效果如图 8.31 所示。

代码 CORE0808 班级视频列表界面 wxss 代码

```css
page{
  background-color: #efeff4;
}
/* 图片样式 */
.swiper-item{
  width: 100%;
  height: 500rpx;
}
/* 列表样式 */
.items{
  height: 300rpx;
  border-top: 1px solid #ddd;
  border-bottom: 1px solid #ddd;
  display: flex;
  flex-direction: column;
  justify-content: space-around;
  margin-bottom: 30rpx;
  background-color: #fff;
  box-shadow: 0 0 15rpx #ddd;
}
/* 小节文字的位置 */
.top{
  padding-left: 15px;
  border-bottom: 1px solid #bbb;
  display: flex;
  align-items: center;
  height: 100rpx;
}
/* 小节下方内容的位置 */
.bottom{
  width: 100%;
  height: 250rpx;
  overflow: hidden;
  display: flex;
  align-items: center;
}
.b-l{
```

```css
  width: 30%;
  height: 250rpx;
  margin-top: 20rpx;
}
/* 图片的大小 */
.pic{
  width: 70%;
  height: 70%;
  margin-left: 30rpx;
  margin-top: 30rpx;
}
/* 文字内容的位置 */
.b-r{
  width: 70%;
  float: right;
  overflow: hidden;
  display: flex;
  flex-direction: column;
  justify-content: space-around;
  height: 150rpx;
  margin-right: 20rpx;
}
.value,.description{
  overflow: hidden;
  display: block;
}
/* 文字样式设置 */
.description{
  overflow: hidden;
  display: block;
  height: 50rpx;
  white-space:nowrap;
  text-overflow:ellipsis;
  -o-text-overflow:ellipsis;
}
.description2,.value{
  font-size: 26rpx;
}
```

```
.b-b{
  display: flex;
  flex-direction: row;
}
/* 播放按钮的样式 */
.play{
  margin-left: 60rpx;
  display: block;
  color: #0a9dc7;
}
```

图 8.31 班级视频列表界面设置样式后

第六步：创建班级视频播放界面并进行配置。

第七步：进行班级视频列表页面跳转的添加，当点击列表中显示播放文字的按钮时发生跳转，进入班级视频播放界面并将 id 值传入该界面。部分代码如 CORE0809 所示。

代码 CORE0809 班级视频列表 js

```
Page({
  data: {

  },
```

```
toPlay:function(e){
  var id = this.data.arr[e.currentTarget.id].id;
  console.log(id);
  wx.navigateTo({
    url: '../myvideo/myvideo?id='+id,
  })
}
})
```

第八步：班级视频播放界面的制作。

班级视频播放界面主要由上部的视频组件（video）和下部的视频介绍组成。代码 CORE0810、CORE0811 如下，设置样式前效果如图 8.32 所示。

代码 CORE0810 班级视频播放 wxml

```
<view class='myVideo'>
  <video id="myVideo" wx:for="{{arr}}" src="{{item.url}}"
    binderror="videoErrorCallback" danmu-list="{{danmuList}}" enable-danmu danmu-btn controls></video>
</view>
<view class='bottom' wx:for="{{arr}}" >
  <view class='b-t'>{{item.name}}</view>
  <view class='description'>
    <view wx:for="{{item.content}}" wx:for-item="content">
      <view class='text1'>{{content.text1}}</view>
      <view class='text2'>{{content.text2}}</view>
    </view>
  </view>
</view>
```

代码 CORE0811 班级视频播放 js

```
Page({
  data: {
    arr: []
  },
  onLoad: function (options) {
    console.log(options.id)
    var that = this;
    wx.request({
```

```
    url: 'http://192.168.2.109:8080/checkvideo', // 这里填写你的接口路径
    // url: 'https://liaolongjun.duapp.com/ace/https.do',
    method: 'GET',
    data: {// 这里写你要请求的参数
      id: options.id
    },
    success: function (res) {
      // 这里就是请求成功后,进行一些函数操作
      console.log(res.data.data)
      that.setData({
        arr: res.data.data
      })
    }
  })
}
})
```

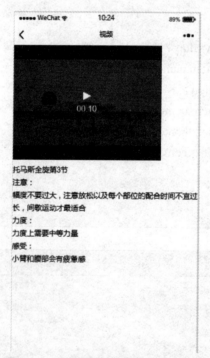

图 8.32 班级视频播放界面设置样式前

设置班级视频播放界面的样式,需要设置视频组件的大小、位置,设置视频介绍和注意事项等文字部分的字体大小、字体位置。部分代码如 CORE0812 所示,设置样式后效果如图 8.33 所示。

代码 CORE0812 班级视频列表界面 wxss 代码

```css
/* 背景颜色 */
page{
  background-color: #696969;
}
/* 班级视频组件样式 */
#myVideo{
  width: 100%;
  margin: 0rpx auto;
}
/* 班级视频内容区域样式 */
.bottom{
  width: 100%;
  height: 600rpx;
  color: #fff;
  margin-top: 50rpx;
}
/* 班级视频名称样式 */
.b-t{
  margin-left: 60rpx;
  font-size: 50rpx;
}
/* 注意事项介绍样式 */
.description{
  width: 90%;
  height: 600rpx;
  margin: 20rpx auto;
  border-top: 2px solid #fff;
  padding-top: 50rpx;
}
/* 注意内容样式 */
.text1{
  color: #a8a8a8;
  font-size: 40rpx;
}
.text2{
  margin-left: 70rpx;
}
```

图 8.33　班级视频播放界面设置样式后

第九步：项目的功能及结构已经编写完成，通过小程序开发工具中上传按钮将小程序上传到微信公众平台小程序中，效果如图 8.34 所示。

图 8.34　小程序上传页面

第十步：点击确认按钮并填写相关信息确认上传。

第十一步：登录微信公众平台小程序，进入开发管理选项，点击提交审核按钮并填写相关信息进行小程序审核。

第十二步：等待 2~3 个工作日之后，小程序审核会在微信中进行通知，审核通过后，在开发管理选项中点击提交发布，将小程序发布到线上提供服务。

至此，KeepFit 健身我的训练模块完成。

本项目通过学习 KeepFit 健身我的训练模块，对小程序的开发流程和思路有所了解，巩固了本书中微信小程序组件及相关方法，并通过小程序发布和在公众号的应用的学习掌握小程序如何发布，如何让更多的人访问到自己所制作的小程序。

nickname	昵称
reverse	相反
wrap	包裹
current	流
interval	间隔
duration	持续时间
mode	模式
polyline	多线
count	计算

一、选择题

1. 同一个小程序最多可以关联（　　）个公众号。
   A.10　　　　　　B.50　　　　　　C.100　　　　　　D.200
2. 公众号可关联同主体的 10 个小程序和不同主体的（　　）个小程序。
   A.3　　　　　　B.5　　　　　　C.10　　　　　　D.20
3. 小程序发布前开发者从微信上预览小程序的方法为（　　）。
   A. 点击预览链接　　　　　　　　B. 扫描预览二维码
   C. 搜索小程序　　　　　　　　　D. 其他

4. 在设备上预览小程序时打开调试后显示的信息不包括（   ）。
A. 内存　　　　　　　　　　　　　B. 初次渲染耗时
C. 数据缓存　　　　　　　　　　　D. 网络模式
5. 微信小程序在上传之前需要填写项目备注和（   ）。
A. 项目名称　　　　　　　　　　　B. AppID
C. 版本号　　　　　　　　　　　　D. 头像图片路径

二、填空题

1. 想要实现小程序的预览，创建项目时必须填入开发者的 _____。
2. 在小程序提交审核之前需要进行信息的补充和配置 _____。
3. 小程序的发布流程为 _____、_____、_____、_____。
4. 微信公众号和小程序的关联可通过 _____。
5. 发布前可以对小程序进行补充或修改的信息有 _____、_____、_____ 等。

三、上机题

使用微信开发者工具编写符合以下要求的页面。

要求：创建一个页面在设备上预览，并打开性能数据与控制台进行查看，从设备上查看效果如图。

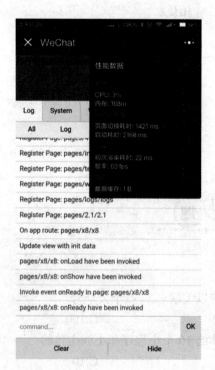